テレワークでも成果を上げる仕事術

著者　安留 義孝
企画　株式会社 リオ
監修　小室 淑惠

マイナビ

はじめに

　2020 年に世界をおそった新型コロナウイルス感染症（COVID-19）の脅威は、必然的に「働き方」について劇的な変化を促す事になりました。「わが社では web 会議は無理」としていた企業も導入せざるをえなくなり、意外にもあっという間に使いこなし始めました。

　かつては当たり前だと思っていた商習慣が、いかに「余裕があった時代の名残で、コスト・時間・労力を多大に無駄にしてきたか」が顕在化したわけです。

　今後は社員が自宅で勤務していくための制度設計をし直すという企業も増えていくと考えられます。「出社 3 割」や「インターバル導入」などに取り組む際、本書が参考になると思います。

　本書は新型コロナウイルス感染症（COVID-19）と戦う企業の皆さまが「攻めの経営」を行うための一助とすべく多くのケーススタディとあるべき姿、そしてそれを実現するための最適な IT ツールについて語りつくした一冊です。

　是非多くの方に手に取っていただければ幸いです。

小室　淑恵
（株式会社ワーク・ライフバランス　代表取締役）

まえがき

　私は 1992 年に大学を卒業し、サラリーマン生活も 30 年目を迎えよう
としています。その間、バブル崩壊、リーマンショックという時代の変
革期を経験しましたが、インターネット、スマホなどの IT の登場により、
日常生活は大きく変化しています。そして、今、新型コロナウイルス感染
症（COVID-19）という新たな変革期を迎えています。

　また、2017 年以降の約 3 年間で、22 ヶ国を訪問しています。出張、旅
行であっても、必ず空港から街へ移動し、食事、買い物の機会はあり、各
国の文化にも触れることができます。欧州先進国、アメリカ、中国だけで
はなく、東南・南アジアでも IT を活用し、日本よりも、はるかに利便性
の高い日常生活を送る様子を目にしています。キャッシュレス決済は言う
までもなく、銀行、小売店、移動手段などでも、消費者視点のサービスが
展開されています。

　しかし、日本ではまだまだ現金決済限定の店舗も多く、QR コード決済
の大規模キャンペーンのため、レジ待ちの行列は増えています。また、最
近更新した生命保険では、申込用紙に手書きの署名、押印が必要でした。

　海外諸国を訪問するたびに、日本はあきらかにデジタル化に乗り遅れ
ていると感じます。しかし、日本でも、ようやくスーパーアプリ、無人
店舗などの日常生活の利便性を向上させるサービスも登場し、デジタ
ル化のスタートを切ったようにも感じます。新型コロナウイルス感染症
（COVID-19）をきっかけとして、テレワークが推奨されていますが、職
場のデジタル化はまだまだこれからです。今回、日本の企業、そして労働
者がデジタル時代の働き方への転換の参考となるよう、約 30 年のサラリー
マン生活での経験、実際に海外で見て聞いてきたことを本書にまとめてい
ます。この一冊が少しでも働き方改革、そして新型コロナウイルス感染症
（COVID-19）からの復興の手助けになれば幸いです。

安留　義孝

目　次

第1部

テレワークで成果を上げる「考え方」

執筆：安留　義孝

第1章

本当の「働き方改革」を
実現するために

1-1　流行語、バズワードにしてはならない

　働き方改革が叫ばれて久しいです。しかし、本当の働き方改革の目指すべきゴールはどこにあるのでしょうか。少なくとも、残業時間の削減、休暇の取得ではありません。働く現場では、具体的な働き方改革への取り組みは行われず、単なる残業規制に過ぎないという現状もあります。表面的な残業時間は削減できたが、その実態はタイムカードを打刻後に仕事を再開する、自宅に資料を持ち帰り仕事をする機会が増えているだけかもしれません。2018 年の新語・流行語大賞では、経営者や管理者が従業員に「残業をするな」、「定時に帰れ」などと退社を強要する「時短ハラスメント（ジタハラ）」が候補 30 語にノミネートされています。また、最近でも、アナウンサーが番組を 1 週間程度お休みする際に「働き方改革の一環です。」とコメントをしていましたが、これも休暇を取得することが働き方改革というイメージを与えてしまっています。

　さらには、日本でもシリコンバレーなどの IT 先進都市での様子や IT 企業の CEO の雰囲気だけを真似て、カジュアルなファッションを着て、お洒落なカフェで、モバイル PC で資料を作成する姿が働き方改革という勘違いも多いです。ファッションは変わったが、中身は何も変わっていません。しかも、スーツよりもビジネスカジュアルの着こなしは難しく、アメリカの IT 企業の CEO のような振る舞いは、なかなかハードルが高いです。

　働き方改革は残業時間の削減やファッションなどの形から入ることも重要ですが、イメージだけが先行してしまうと、単なる流行語、バズワードで終わってしまいます。もはやその一歩手前の段階です。

1-2 「守る」のではなく「攻める」

　残念ながら、1年の延期となってしまいましたが、東京オリンピック・パラリンピックに向け、混雑緩和策の一環として、都内の事業所を中心にテレワークが推奨され、準備を進めていました。しかしながら、2020年3月以降、新型コロナウイルス感染症（以降、新型コロナ）対応として、準備半ばながら、多くの企業がテレワークを導入しています。なお、テレワークという言葉ですが、オフィス以外の離れた場所で働くという意味であり、サテライトオフィスやカフェで働くことも含まれます。正確には、新型コロナ対応で推奨されている働き方は在宅勤務です。

　今後、国、自治体、企業、そして個人は、新型コロナという未曽有の危機を、感染症から「守る」だけで終わらせてしまうのか、「災い転じて福となす」ことを目指し、働き方改革のきっかけとする「攻め」に転じるかの選択を迫られることになります。

　そして、「攻め」に転じるのであれば、機は熟しています。度重なる報道により、テレワークは市民権を得て、もはや特別な働き方ではありません。在宅勤務をして、家族から邪魔者扱いをされたり、近所でクビになったと噂されたり、カフェでサボっていると後ろ指を指されることもありません。さらに、新しいことに挑戦する際に必ず登場する抵抗勢力の説得に使わなければならない時間とストレスを軽減できます。古い話となりますが、携帯電話が普及した際に、携帯電話を持ち歩かず、常に連絡が取れない同僚がいました。電子メールの普及時にも、電子メールを送っても返事をしない上司がいました。時代の変わり目には、その時代に追い付くことを拒み続ける抵抗勢力は必ず登場するものです。

1-3 Friction Less（フリクションレス）だから気を使う

テレワークを言葉どおり、「tele = 離れた所」で「work = 働く」と捉えれば、在宅でも、スマホ、会社のサーバーと接続された PC、そしてビデオ会議、メール、チャットができるソフトウェアがあれば基本的には仕事はでき、多くの恩恵を受けることができます。少なくとも、満員の通勤電車に乗る必要はありません。時間だけではなく、ストレスもなく、体力も消耗せず、心身ともに健康的に仕事ができます。

さらに、オフィスで集中した作業中に、上司や同僚に突然声をかけられ、作業を中断させられることもありません。人は顔を見ると用事を思い付くものです。顔を合わせなければ、不要不急の依頼を頼まれることはありません。また、無駄話が耳に入ってくることも、ランチで長い行列に並ぶことも、気を使いながら、行きたくない飲み会を断る必要もありません。良いことばかりです。テレワークは摩擦や軋轢の無い状態を表す言葉 Friction Less な働き方を実現してくれます。

しかし、デメリットもあります。Friction Less の裏返しですが、緊張感の喪失です。仕事である以上、ある程度の上司や同僚の視線は必要かもしれません。適度な緊張状態の時、人は最適なパフォーマンスを発揮するというヤーキーズ・ドットソンの法則のとおり、従業員自身が強い意思と責任感がなければ、怠けてしまうものです。納期とアウトプットを明確にするなどの対策は必要です。

加えて、企業・管理者と従業員との意識のギャップがあります。サボっている、サボっていると思われているかもしれないという相互の不安です。ただし、オフィスでも、8 時間ずっと自席で PC に向かっているわけではありません。トイレに行く、コーヒーを飲む、コンビニに飲み物を買いに行く、同僚と雑談する。

これらは日常生活を送るうえでは許容される範囲なはずです。テレワー

クだからこれらの行動が禁じられることはありません。

　むしろ、テレワークで注意すべきは、やり過ぎです。アウトプットを明確にすることで、サボりは防止できます。しかし、より良いアウトプットを出そうと必要以上に頑張ってしまう可能性の方が高いです。

　さらには、コミュニケーション不足も問題として取り上げられますが、オフィスであっても、テレワークであっても、コミュニケーションがないものはないのです。テレワークという働き方が問題なのではなく、テレワークをきっかけとして、昨今のコミュニケーション不足が浮き彫りにされたに過ぎません。運動不足も同様です。テレワークが健康管理に目を向けるきっかけになっただけです。

　また、実務面でも、紙でしか情報がない、データの場所がわからない、ハンコが必要などテレワークを阻害する要因がいくつも見つかったはずです。ただし、新型コロナ対応のテレワークは、突発的、暫定的な対応と位置付ければ仕方がありません。むしろ、新型コロナ終息後に、テレワークを恒常的な働き方とするための解決すべき課題の抽出が終わったと捉えるべきです。

▌1-4　自分自身を見直す

　テレワークを経験し、一部の従業員は驚きの事実を認識できたはずです。自分の存在価値です。何十年も毎日スケジュールが真っ黒で、忙しいと言い続け、会議室から会議室の移動で、自席に座る時間もなく、メールのチェックもできないと騒ぎ続けていた方々です。新型コロナ対応の自粛期間に、数週間予定がない、アウトプットがないという事実を押し付けられれば、自分の存在価値に疑問を持ったはずです。数十年もの間、何をしていたのだろうかと自問自答をしたかもしれません。

　新型コロナ対応のためのテレワークは緊急事態です。そのため、ただ単に過去の習慣やしがらみだけで行われていたアウトプットのない会議は開催されていないはずです。そして、この緊急事態でも、必要とされる重要な会議ならば、発言もしない従業員にはビデオ会議の招集がなかったはずです。

　また、通常の会議では、発言内容の中身がなくても、声が大きいだけでも目立ちます。しかし、テレワークでは大声だけでは存在感を示すことはできず、単なる騒音に過ぎません。アウトプットもなく、大声だけで存在感を示していた方も、徐々にビデオ会議の招集はなくなったと思います。

　この気づきがあった方は、働き方改革を行う価値があります。そして、自分自身の働き方を見直し、まずは自分自身の改革を行うことをお勧めします。ただし、この緊急事態の終息後に、自分の復権のためだけの無駄な会議を復活させることはやめて頂きたいものです。

1-5　掛け声だけでは失敗する

　政府、自治体は補助金を提供し、積極的にテレワークを推奨しています。掛け声は威勢が良いです。しかし、掛け声だけでは成功することはありません。

　2018年に東京都の「満員電車をなくす」という公約のもと、時差Bizは始まりましたが、私は効果を体感していません。満員電車での通勤は続いており、失敗と思っています。

　しかし、新型コロナ対応で、時差通勤やテレワークが推奨され、乗車率はかなり軽減されています。やればできるのです。新型コロナ対応では、感染予防という明確な目的がありましたが、時差Bizという「満員電車をなくす」ことの先には何があったのでしょうか。明確な目的がなければ企

業も人も考えを変えることも、行動に移すこともありません。働き方改革
も、納得する目的がなければ誰も行動を起こすことはありません。

1-6 きっかけを無駄にしない

　テレワークに馴染まない業務、作業もあります。現場作業、モノづくり、
医師、ドライバーなどが代表的な職種、業務です。

　ただし、どのような業務、作業でも、テレワークを適用できる領域はあ
ります。医師でしたら、オンライン診療は実用化され、モノづくりでも設
計などの一部の作業はテレワークができます。紙でしかない情報はデータ
化すれば良く、紙やハンコを要する作業はルールを変更すれば対応できま
す。新型コロナ対応により、規制緩和は進み、企業内だけではなく、業界
を跨いだルールも変更されるはずです。今までやっていなかっただけで、
やればできることはたくさんあります。テレワークができない理由を探す
のではなく、まずはできることから、やっていきましょう。

　今回、多くの企業が、テレワークで必要とされる IT 機器を導入しました。
しかし、働き方改革は IT 機器、ソフトの導入が目的ではありません。使
わなければ、そして効果がなければ価値はありません。テレワークのため
のハード、ソフトが揃った時点では、働き方改革のきっかけに過ぎません。
新しく導入された IT は強制され、さらに物珍しさもあり、当初は興味本
位で利用されるかもしれません。また、価値がなければ、そして UX（User
Experience：顧客経験価値、操作性）が悪ければ、継続的に利用されるこ
とはなく、せっかくの働き方改革のきっかけを無駄にすることになってし
まいます。

1-7 ただはじめれば良いわけではない

　アメリカでは、既にテレワークを禁止している大企業があります。Yahoo!（アメリカ）は、25％の従業員が完全（フルタイム）在宅勤務を行っていましたが、2013年に在宅勤務を禁止しています。在宅勤務中に無許可での副業、起業などが横行したことが禁止に至った理由です。また、IBM（アメリカ）も、2017年に、2009年より導入していた完全（フルタイム）在宅勤務を禁止しています。理由は明確に伝えられていませんが、チームワークの欠如やコミュニケーション不足と言われています。この2社と同じ失敗を繰り返さないためにも、テレワークを恒常的に導入する際には、適切なルールの制定は必要です。

　また、GAFAのFacebook、Appleもテレワークには消極的です。テレワークは禁止されていませんが、多くの従業員がオフィスに出社しています。従業員がオフィスに出社し、頻繁に会話をすることで、コミュニケーションは活性化し、新しいアイデアが創造できるからです。そして、有名建築家の斬新で快適なオフィス、無料の社員食堂など出社するだけでも楽しく、価値があるオフィス環境が提供されています。

1-8 まずは慣れることが重要である

　私はボランティアで、ネパール人高度システムエンジニアの日本企業への就労支援に携わっています。そこで知ったのが、ネパールにおけるテレワークの進展です。

　月1回程度、私は先方の主要メンバー2人と就労支援に関するビデオ会議を行っています。ネパール側の主要メンバーは2人で、会議目的に応じ

て必要なメンバーが追加で参加します。

　私はビデオ会議にあまり慣れていないため、ビデオ会議中は、先方に自分の声が聞こえているのか不安になり、大声になることが多いのです。通信環境の問題から生じる間も、上手く取れません。また、ビデオ会議で顔が画面いっぱいにアップになるのが苦手で、相手にも自分の顔が同じように映っているのではないかと思うと恥ずかしくなります。

　しかし、ネパール側はビデオ会議に慣れたもので、私のような振る舞いはなく普通に会議を行いますし、専用のビデオ会議室も用意されていて、適度な距離感の映像を映してくれます。さらには、会議中に疑問点があれば、検索サイトで確認し、有識者にチャットで質問し、返信も早いのです。

　ネパールとのビデオ会議は、非常に快適で効率的です。ビデオ会議にまだまだ不慣れな日本人同士ではこのようにはいかないことも多く、やはり慣れは重要だなと再認識させられます。

　ネパールでビデオ会議が発達しているのは、国の交通事情もあるかもしれません。日本だったら30分くらいで地下鉄で移動できる距離でも、公共交通機関がない場所だったら、徒歩か車かでの移動になってしまいます。移動に掛かる時間を考えれば、必然的にITの活用が増えますし、発達もしますし、慣れてくるでしょう。

　まずは慣れること、その重要性を考えてみてください。

第2章

海外の日常生活、
働き方から見えること

2-1 日本は働きやすい国なのか

　働き方改革を推進するにあたり、参考とすべき海外の状況を確認します。働き方に関連するいくつかの統計を見ると、日本はあまり上位にはランクインしていません。残念なことに、日本の働き方は効率が悪く、生産性が低く、また働きにくい環境であり、あまり幸福ではないと認めざるを得ません。

　以下は各統計における日本の順位です。世界 10 位の人口を有するため「名目 GDP（2018）」（IMF）では 3 位を維持していますが、「1 人当たりの名目 GDP（2018）」（IMF）では 190 ヶ国中 26 位です（表 1）。日本は労働生産性が低いです。

表 1：1 人当たりの名目 GDP ランキング（IMF）

順位	国	単位：USドル
1	ルクセンブルク	115,536.21
2	スイス	83,161.90
3	マカオ	81,728.23
4	ノルウェー	81,549.98
5	アイルランド	78,334.87
6	アイスランド	74,515.47
7	カタール	70,379.49
8	シンガポール	64,578.77
9	アメリカ	62,868.92
10	デンマーク	60,897.23
26	日本	39,303.96

出典：1 人当たりの名目 GDP ランキング（IMF）

　経済、教育、健康、政治のデータをもとに、各国の男女格差を単純に男女の差だけに着目し、分析した「グローバル・ジェンダー・ギャップ指数（2018）」（WEF）では153ヶ国中121位です（表2）。日本は女性の社会進出が遅れています。

表2：グローバル・ジェンダー・ギャップ指数ランキング（WEF）

順位	国	スコア
1	アイスランド	0.877
2	ノルウェー	0.842
3	フィンランド	0.832
4	スウェーデン	0.820
5	ニカラグア	0.804
6	ニュージーランド	0.799
7	アイルランド	0.798
8	スペイン	0.795
9	ルワンダ	0.791
10	ドイツ	0.787
121	日本	0.652

出典：グローバル・ジェンダー・ギャップ指数ランキング（WEF）

　パートタイマーを含めた全労働者の平均年間労働時間を比較した「労働時間国際比較統計ランキング（2018）」（OECD）では38ヶ国（OECD加盟国など）中22位です（表3）。日本の労働時間は長いです。

表3：労働時間国際比較統計ランキング（OECD）

順位	国	時間（h）/年
38	ドイツ	1,363
37	デンマーク	1,392
36	ノルウェー	1,416
35	オランダ	1,433
34	スイス	1,459
33	アイスランド	1,469
32	スウェーデン	1,474
31	ルクセンブルク	1,506
30	オーストリア	1,511
29	フランス	1,520
22	日本	1,680

出典：労働時間国際比較統計ランキング（OECD）

　職場以外で費やす時間、レジャーやプライベートな時間、子を持つ母親の就業率などで評価した「ワークライフバランスランキング（2018）」（OECD）では38ヶ国（OECD加盟国など）中34位です（表4）。日本はワークライフバランスが進んでいません。

表4：ワークライフバランスランキング（OECD）

順位	国	スコア
1	オランダ	9.5
2	イタリア	9.4
3	デンマーク	9.0
4	スペイン	8.8
5	フランス	8.7
6	リトアニア	8.6
7	ノルウェー	8.5
8	ベルギー	8.4
9	ドイツ	8.4
10	スウェーデン	8.4
34	日本	4.6

出典：ワークライフバランスランキング（OECD）

　そして、国民が「どれくらい幸せと感じているか」を評価した調査に加え、GDP、平均余命、寛大さ、社会的支援、自由度、腐敗度などで算出した「世界幸福度ランキング（2020）」（国連）では153ヶ国中62位です（表5）。アジア内に限っても、台湾（25位）、シンガポール（31位）、フィリピン（52位）、タイ（54位）、韓国（61位）の後塵を拝しています。日本での生活はあまり幸福ではないようです。

表5：世界幸福度ランキング（国連）

順位	国	スコア
1	フィンランド	7.809
2	デンマーク	7.646
3	スイス	7.560
4	アイスランド	7.504
5	ノルウェー	7.488
6	オランダ	7.449
7	スウェーデン	7.353
8	ニュージーランド	7.300
9	オーストリア	7.294
10	ルクセンブルク	7.238
62	日本	5.871

出典：世界幸福度ランキング（国連）

2-2 世界の日常生活と働き方を見てみる

　次に、いくつかの国の実態を確認します。「労働時間国際比較統計ランキング（2018）」最下位（最も労働時間が短い）のドイツ、「ワークライフバランスランキング（2018）」1位のオランダ、「世界幸福度指数ランキング（2019）」1位のフィンランド、加えて、アジア代表として、世界4位の人口を有する経済成長著しいインドネシアの4ヶ国を紹介します。日常生活を送るうえで欠かすことのできない小売店、金融サービスが中心となりますが、街の様子からでも、それぞれの国の働き方が垣間見えるはずです。

(1) ドイツ
①キャッシュレス化は進展しない
　ドイツは日本と同様にキャッシュレス化が進展しない先進国の代表国です。実際、小規模な個人商店でも、カード決済は可能ですが、現金決済が中心です。ドイツのキャッシュレス化が進展しない理由は、いくつかの説がありますが定かではありません。第二次世界大戦時のナチスの不幸な経験から、キャッシュレス決済によりデータが管理されること避ける傾向にあること、そして古くは、伝統ある高級レストランなどではカード決済を受入れていなかったため、カード決済を安く、低く見る傾向にあることなどが理由と考えられています。

　欧州先進国では珍しく、街中には日本と同様に繁華街では、複数のブランドの銀行の店舗を見かけます。また、Geldautomat と呼ばれる ATM は街のいたる所に設置されています。

　最近では、N26 などのチャレンジャーバンクが、スマホアプリだけで銀行口座の開設、入出金、送金、外貨両替が利用できるサービスを提供し、顧客を増やしています。今後、モバイルでの金融サービスに慣れるに従い、

キャッシュレス化も進展する可能性はあります。なお、N26 が飛躍的に顧客を増やしたのは、今まで銀行口座を開設するためには、何枚もの書類を用意する必要があり、1 週間程度の時間が必要でしたが、スマホアプリだけで、8 分で済ませることができる利便性が受けたためです。

　N26 はデジタル化により、自行の業務を効率化させるとともに、ドイツの銀行業界の常識を覆しています。

②閉店法はワークライフバランスに貢献

　小売店にとっては、キャッシュレス化の進展よりも、順守しなければならない法律があります。キリスト教の休息日に準じた閉店法です。閉店時間は都市により異なりますが、多くの都市では日曜日と祝日の終日、月曜日から土曜日の朝 6 時までと 20 時以降です。書き入れ時のクリスマスなどの大型連休でも、都市機能がほぼ停止してしまいます。ただし、閉店法のキャッチコピーは 'Sontags gehören Mami and Papi uns!'（日曜日のママとパパはぼくらのもの！）と家族との時間を奨励するものです。

　なお、同じ欧州でもフランスの動きは異なります。2015 年、経済の機会均等・経済活動・成長のための法律（通称「マクロン法」）が施行され、日曜日の小売店の営業が認められています。

③日本とは異なる成果が求められる勤勉

　ドイツは日本と同様にキャッシュレス化が進展せず、自動車などの製造業が盛んで、勤勉な国民と言われていますが、働き方は大きく異なります。

　法律で、1 日 10 時間を超える労働が禁止されています。そして、違反した場合には、雇用主が €15,000（約 1,780,000 円）の罰金というかなり厳しいペナルティが科されます。さらに、年間に最低 24 日の休暇取得が義務付けられています。

　その結果、ドイツの平均就労時間（年間）は 1,363 時間で、日本の 1,680時間と比べ、300 時間ほど短いです。しかし、1 人当たりの名目 GDP は

18位であり、日本の26位よりも上位です。ドイツは短い労働時間で、日本よりもはるかに高い成果を出しています。

　日本で言う勤勉は、長時間、真面目にひたすら作業に向き合うイメージがあります。しかし、ドイツの勤勉は、短い時間で、大きな成果を出すことです。日本のように、いつも夜遅くまで頑張っているから勤勉で優秀と評価されることはありません。そのため、自分のやるべきことができていれば、上司、同僚に気兼ねなく退社ができ、長期休暇も取得しやすいです。

④労働時間は貯蓄できる

　労働時間貯蓄制度は興味深い制度です。従業員が労働時間専用の口座で、所定外労働時間を貯蓄することができます。あらかじめ労働時間の総量が決められ、超過分が出た場合には、休暇等に費やすことで相殺できるため、従業員の過重労働防止やワークライフバランスの実現に貢献しています。従業員は繁忙期に残業時間を口座に積み立て、仕事にゆとりがある時には有給休暇として引き出すことができ、従業員自身で仕事量の増減の波をコントロールできます。数ヶ月のピークがあっても、終了後には長期休暇を取得できます。日本でも、労働時間が長いコンサルティングファームなどでは、プロジェクト完了後、数週間の長期休暇を取得しているような例もあります。

　2008年のリーマンショックで急速に景気が悪化した際には、労働時間貯蓄制度を利用し、会社側が従業員に積立不足分を貸し与え、休暇扱いとすることで、大量の失業者を出すことなく、危機を切り抜けています。従業員は数時間の労働時間の返済は必要でしたが、職を失うことなく、危機を乗り切れたことは大きな成果です。

(2) オランダ
①デビットカードを中心にキャッシュレス化が進展
　毎年数多くの観光客を呼び寄せる風車と運河の港街、首都アムステル

ダムですが、HIER ALLEEN PINNEN（支払はデビットカードだけ）、
PINNEN JA GRAAG（デビットカード歓迎）の表示がスーパーマーケット、
トラム、そして屋台にも掲げられています。オランダはデビットカードを
中心にキャッシュレス化が進展する代表的な国です。

　オランダ全土に展開する庶民的なスーパーマーケットの Albert Heijn で
はデビットカードの利用者に限定したレジを大量に設置し、デビットカー
ドで支払う限りは行列に並ぶことはありません。また、Marqt という高
級生鮮スーパーマーケットは完全キャッシュレス店舗であり、現金のハン
ドリング業務は一切ありません。レジ業務だけではなく、閉店時の締め作
業は削減され、さらには盗難防止のセキュリティも軽微で済みます。完全
キャッシュレス店舗は、店舗での働き方にも変革を起こしています(写真1)。

写真1：Marqt の入口（アムステルダム）

安留 義孝：撮影

②適材適所の役割分担が進む銀行

　銀行は ING Bank、Rabo Bank、Abn Amro の3大銀行に集約され、銀行の店舗、ATM も街中で見かけることはほとんどありません。その数少ない銀行の店舗には、利用者がセルフでネットバンクを利用できるようにPC が設置されています。高齢者を中心に初心者が行員の指導を受けながら、店舗でネットバンクを利用しています。オランダの銀行は、入出金などの簡易的な業務は ATM やネットバンクで利用者自身が行い、行員は融資、投資のアドバイスなどの高付加価値業務を担当しています。銀行は行員、利用者、そして IT の適材適所の役割分担に成功しています（写真2）。

写真2：Rabo Bank 店舗内（アムステルダム）

安留 義孝：撮影

③従業員が労働時間を選択

　1982年のワッセナー合意（賃金上昇率の抑制の取り決め）、そして1996年施行の1人当たりの労働時間を減らす代わりに労働人口を増やすことを目的とした「労働時間差別禁止法」、さらに2000年施行の「労働時間調整法」により、従業員は自主的にフルタイムからパートタイムへ、パートタイムからフルタイムへ移行できる権利、そして週当たりの労働時間を自主的に決定できる権利を獲得しています。

　これらの施策により、正規従業員とパートタイマーの賃金や福利厚生は同一条件となり、労働時間だけが異なる「同一労働同一条件」を実現しています。自分のライフスタイルに応じて、育児や介護が必要な時期は、フルタイムからパートタイムに変えるなど、従業員が自由に労働時間を変更でき、女性の就労率も70%に達しています。

④ワークシェアリングが基本

　また、パートタイマーの増加とともに、ワークシェアリングが一般化しています。ワークシェアリングでは仕事に関する情報共有は当たり前です。仕事の成果や自分の予定にも影響を及ぼすため、チームメンバーの休暇などのプライベートな情報も共有する意識が自然に身についています。また、個人単独では高い成果を上げることができないため、チームメンバーとの信頼関係を構築することは必須です。オランダの働き方は競争よりも共存です。自己主張が強く、成果を独り占めするような方はオランダでは仕事ができないと思います。

⑤ ABW（Activity Based Working）の発祥国

　オランダ発祥とされるABW（アクティビティ・ベースド・ワーキング）も柔軟な働き方を支えています。モバイルツールを活用し、従業員が仕事の内容に適した働く時間、場所を選ぶことができます。例えば、集中する作業は、1人で静かな部屋で作業を行っています。打合せは、みんなでゆっ

たりとソファでくつろぎながら議論をしています。育児、介護などが必要な場合には、在宅での作業も可能です。ABWとテレワークの違いは、働く場所だけではなく、働く時間も従業員が選択できることです。上司、同僚との信頼関係、そして従業員の責任と判断力があるからこそ、働く時間、場所の自由が認められているのです（図1）。

　オランダは、ABWにより時間と空間の制約から解放され、長時間労働からも解放された働き方を実現しています。欧米は個人主義のイメージが強いのですが、オランダではチームメンバーとの信頼関係、そしてチームプレイの考え方が根底にあります。

　歴史的に、オランダはフランス、ドイツなど近隣の大国からの脅威にさらされ続けた小国です。チームプレイに必要とされる団結力とABWを有効に活かす行動力は、その歴史により培われたものかもしれません。

図1：ABW（Activity Based Working）の位置付け

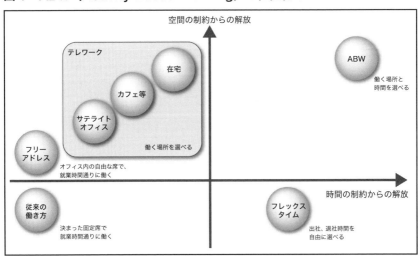

(3) フィンランド
①幸せな国はキャッシュレス化も進展

　北欧４ヶ国（フィンランド、スウェーデン、ノルウェー、デンマーク）はキャッシュレス化が進展しています。小規模な店舗、屋台でも、カード決済は可能です。完全キャッシュレス店舗も多く、昨日まで現金が使えたパン屋さんが、突然、完全キャッシュレス店舗になることもあります。完全キャッシュレス店舗により、現金オペレーションが一切不要となり、店舗の業務の効率化は進んでいます。

　北欧では銀行店舗をあまり見かけることがありません。そして、数少ない銀行店舗の店頭には現金に×（バツ）印を描いたイラストが掲げられ、現金を取り扱っていません。そのため、現金に関わる業務はなく、行員は融資、投資などの高付加価値業務に注力しています。日本の銀行では、15:00 の閉店後、帳簿と現金がぴったり合うまで退社できないと聞きますが、そのような確認に要する時間もストレスもありません。

　フィンランドのキャッシュレス化が進展する理由として、社会福祉の充実があげられます。キャッシュレス決済により、どこで何を買ったのか、毎月いくら使っているのかなどの消費者データを提供することになりますが、社会福祉として還元されるため、データを提供することに抵抗がないと言われています。なお、「世界幸福度ランキング」上位国には社会福祉の充実した国が並び、そしてキャッシュレス化も進展しています。社会福祉の充実とキャッシュレス化の進展は相関関係があるのかもしれません。

②物価の高さも働き方に影響

　しかし、社会福祉の充実にはコストがかかります。そのため、消費税に相当する税金の税率は 25% と高いです。食料品などは軽減税率が適用され 12.5% ですが、それでもやはり高いです。そして元々物価も非常に高いです。ファストフードのセットメニューでも 1,500 円を超え、ちょっとしたレストランでの夕食となると数千円になってしまいます。

　現実的な問題として、食費の支出を押さえるため、ほとんどの方が定時で退社します。帰り道に、スーパーマーケットで買い物をし、自宅で家族と食事をします。そのため、スーパーマーケットでは、食事を調理するのに必要な材料がセットされたミールキットや冷凍食品が並んでいます（写真3）。所得水準が高いフィンランドでも、毎日高額な外食を続けていては、家計が逼迫してしまいます。

　私のような観光客であれば、数日の滞在に過ぎず、この物価でも生活はできます。しかし、日々暮らしていくためには、物価の高さは切迫した問題であり、物価の高さが働き方にも影響を及ぼすことも理解できます。

写真3：K Market の冷凍食品コーナー（ヘルシンキ）

安留 義孝：撮影

③経済成長には女性の活躍が必須

　また、充実した社会福祉を維持するためには、継続的な経済成長が必要です。フィンランドの人口は約550万人であり、日本の1/20程度に過ぎ

ません。そのため、経済成長には、女性の活躍が必要不可欠であり、女性が育児、家事に追われず、社会で活躍できる環境を作る必要があります。例えば、保育園法により、自治体は全ての子どもに保育施設を用意することが義務付けられ、女性が安心して働ける環境を整備しています。「保育園落ちた。」というつぶやきはフィンランドではありえません。

　なお、スウェーデンの人口は約 1,000 万人、ノルウェー、デンマークも 500 万人程度に過ぎず、北欧諸国はフィンランド同様に女性の社会進出が進んでいます。

④法律で義務付けられたコーヒー休憩

　フィンランドの働き方の特徴は休憩です。kahvitauko（カハヴィタウコ）と呼ばれるコーヒー休憩は法律で定められています。業種によって異なりますが、労働時間が 4 〜 6 時間の場合は 1 回、6 時間以上ならば 2 回、15 〜 20 分程度の kahvitauko が義務付けられています。kahvitauko は、コーヒー片手に、仕事の話だけではなく、プライベートの話題でも盛り上がるコミュニケーションの場でもあります。スウェーデンにも、fika（フィーカ）という同じくコーヒー休憩の習慣がありますが、北欧諸国の生活にはコーヒーは欠かせないようです。

　もう 1 つの休憩は taukojympa（タウコユンパ）です。tauko（タウコ）は休憩、jympa（ユンパ）はエクササイズの意味で、エクササイズ休憩を意味する造語です。強制ではありませんが、疲労回復、体の緊張や痛みの緩和、エネルギーの増進、物忘れの緩和などのために、1 日 10 分程度、身体を動かすことが推奨されています。

　もう 1 つ付け加えるならば、サウナです。日本では同僚と一杯飲んで帰るところですが、フィンランドでは本当に裸の付き合いで、一緒にサウナで汗を流しています。サウナはオフィス街にも、私が宿泊するような安ホテルにも設置され、フィンランド人にとっては日本の居酒屋のような身近な存在となっています。

⑤MaaSにより効率的に移動

　また、フィンランドはIT産業が盛んであり、MaaS（Mobility as a Service：サービスとしての移動）先進国です。ヘルシンキ市内で移動する際には、Whimというスマホアプリだけで、出発地から目的地まで、バス、メトロ、トラム、タクシー、ライドシェア、シェアサイクルなどの移動手段を利用した最適なルートの検索、座席の予約、そしてキャッシュレスでの運賃の支払いまでを完結できます。MaaSは通勤、移動時間の短縮だけではなく、渋滞緩和、環境保護にも貢献しています。（写真4）

写真4：MaaS対応のトラム（ヘルシンキ）

安留 義孝：撮影

⑥まだまだ働き方改革は進行中

　フィンランドはまだまだ働き方改革を積極的に推進しています。2020年3月、マリン首相が「人々はもっと家族や愛する人、趣味などに時間を費やすべきだ」と述べ、週休3日制の導入、1日6時間労働制の検討を行

うことを表明しています。スウェーデンが 1 日の労働 6 時間制の試験的導入を行い、デンマークの Odsherred（オズスヘアアズ）市では週休 3 日制（金、土、日が閉庁）を導入した例はありますが、民間も含めた本格的な導入となると世界初の取り組みとなります。なお、フィンランドがこのような挑戦を続けるのは、困難に耐えうる力、努力して諦めずにやり遂げる力、不屈の精神力という SISU（シス）という文化が影響しているのかもしれません。

　そして、フィンランドは世界で初めて女性に選挙権と被選挙権を与えた国です。「グローバル・ジェンダー・ギャップ指数」(2018) で 3 位を獲得した国らしく、マリン首相は 34 歳の女性で、内閣の 4 人は 35 歳未満です。日本とはかなり異なる人員構成の内閣のため、このような画期的なことにも取り組めるのだと思います。日本は女性の社会進出に加え、世代交代も必要なのかもしれません。

(4) インドネシア
①ライドシェアが国を変える
　首都ジャカルタでも、地下鉄などの公共交通機関は充実していません。2019 年に地下鉄が開通しましたが、自動車社会であることには変わりなく、ジャカルタは世界有数の渋滞都市です。そのため、ジャカルタ市民は渋滞を回避するために、通勤、買い物には、Gojek、Grab などのライドシェア（バイク便）を利用しています。ライドシェアは単なる移動手段ではなく、ドライバーの働き方、そしてインドネシア国民の日常生活を向上させています。(写真 5)

　Gojek は元々個人事業主のドライバーを集め、スマホアプリでドライバーを予約する仕組みを構築し、利用者に展開したことにはじまります。利用者は見ず知らずのドライバーのバイクに乗る際の誘拐やぼったくりなどの不安から解消され、利用機会を増やし、それに応じてドライバーの仕事量も増加し、収入も増えています。

写真 5：Gojek、Grab の客待ちの行列（ジャカルタ）

安留 義孝：撮影

　さらに、人を運ぶだけにとどまることなく、日常生活の隅々に至るサービスを展開しています。モノを送る GO-SEND、フードデリバリーの GO-FOOD、掃除してくれる GO-CLEAN、洗濯代行の GO-Laundry、そして体調が悪いと思った時には GO-MED で薬を宅配してもらい、疲れがたまったら、GO-MASSAGE でマッサージ師を呼び、GO-Play を利用し、ビデオを観ながらのんびりと過ごすことができます。たまには映画館で映画を観たければ、事前に座席を GO-TIX で予約し、GO-GLAM で美容師を呼び、身だしなみを整えたうえで、GO-JEK で出かけています。決済は全て Go Pay を利用しており、日常生活を Gojek のサービスだけで実現できます。

②ドライバーの働き方を改革

　Gojek はドライバー向けに少額融資も行っています。ドライバーの勤務実績、収入などから与信を行い、収入が安定したドライバーの職を捨てる

可能性が低いことから、貸倒れも少ないのです。ドライバーは融資を受け、子息を大学に進学させ、家を改築しています。そして返済のために一生懸命に働いています。ただ生きるために、日銭を稼ぐために働くのではなく、目的を持って働いています。この意識の変化は途上国の経済成長のためには不可欠なものです。

③宗教が働き方にも影響

　インドネシアはイスラム教国家です。街中、職場でも、比較的カジュアルなヒジャブをオシャレに着こなす女性をたくさん見かけます。

　ラマダン期間中は、ほぼ 1 ヶ月間は仕事にはなりません。日の出から日没まで、水、食べ物を一切口にしないため、仕事どころではないのです。ラマダン以外の時期でも、1 日 5 回の礼拝の時間になると、街のいたる所にあるモスクから、アッラーへの祈りの言葉が大音量で流れ、一部のムスリム（イスラム教徒）は、移動中でも、打合せ中でも、お祈りに向かいます。そのため、打合せも礼拝の時間を避ける傾向にあります。

　仏教国タイの男性は人生に一度、短期間出家して仏門に入る風習があり、「出家休暇（ラー・ブワット）」という特別な有給休暇があります。

　日本ではあまり意識することはありませんが、インドネシア、タイ、そして欧州でも、敬虔な宗教の信者を有する国では仕事よりも、宗教が優先されることがあります。

(5) その他の国々

　今回紹介した 4 ヶ国以外にも、世界各国にはその国の歴史、文化、伝統、国土、国民性などに応じて、様々な様式の日常生活を送っています。そして、女性の社会進出、育児や介護が必要な従業員が働きやすい環境を整備するための制度、法律が整っています（表 6）。

表 6：働き方に関連する制度、法律

国	法律・制度	概要
イギリス	学期間労働時間制	6歳未満の子供を持つ親は、労働時間の変更、勤務時間帯の変更、在宅勤務を申請できる
イギリス	圧縮労働時間制	1日の労働時間を延ばす代わりに、週の労働日数を減らすことができる。1日の労働時間は増加するが、1日の労働時間を延ばせば、週休3日も可能
スウェーデン	親休暇法	子供が8歳になるまで、夫婦合計480日の休暇を取得できる。ただし、父親が90日の休暇を取得しなければ、480日を使い切ることはできない
フランス	労働・労使間対話の近代化・職業経歴の保障に関する法律（通称「エル・コムリ法」）	業務時間以外のプライベートな時間には仕事の電話、メールに対応する必要はない「つながらない権利(オフラインになる権利)」を保証している
ノルウェー	クオーター制	株式上場企業は、取締役が20人以上であれば、男女構成比がそれぞれ40%を下回ってはならない
ベルギー	タイムクレジット（キャリアブレイク）	勤続2年以上の労働者は理由を問わず、労働時間の短縮か1年間の休職が可能。1年後の復職の際には休職前と同待遇で迎えることが義務付けられている
ベトナム	労働法（副業の許可）	「被雇用者は、複数の雇用者と労働契約を締結することができる」と明記されている

著者作成

　また、宗教や文化・習慣は働き方へ影響を及ぼしています（表 7）。既に、日本には多くの外国人が働いています。彼らとチームプレイを行うためには、それぞれの国の文化・習慣を理解し、尊重することが必要です。

表 7：働き方に影響を及ぼす文化、習慣

国	文化・習慣	概要
デンマーク	ヒュッゲ	「居心地が良い空間」、「楽しい時間」を過ごす文化。企業も従業員が幸せな時間を過ごせるようにしなければならない
スペイン	シエスタ	お昼休みに2～3時間の休憩を取る習慣。公務員はシエスタを廃止
タイ	マイペンライ	「大丈夫、まあいいさ、なんとかなるさ」と何事も許容する
インドネシア	ティダアパアパ	〃
フィリピン	バハラナ	〃
中国	996	朝9時から夜9時まで、週に6日間働くという意味。「8117」(朝8時から夜11時まで、週7日勤務)という働き方もある。IT業界を中心に問題視されている

著者作成

2-3 世界の国々の働き方と日本の違い

　世界の国々と日本の働き方の違いとして、大きく2つの点があげられます。世界の国々では働くこと以外にやるべきことが明確です。そして、様々な考え、事情を持った従業員を受入れ、一緒に協力して働き、大きな成果を出しています。

　欧州では 'Work to live. Don't live to work'（生きるために働きなさい。働くために生きてはいけない）ということわざが浸透しています。そのため、家族、友人との時間、自己啓発など従業員が目的意識を持ち、休暇を取得し、残業のない働き方を実現しています。目的が明確だからこそ、早く帰宅しよう、休暇を取得しようという意思は強くなります。当然、その目的のために効率的に仕事を行っています。（図2）

図2：欧州先進国の働き方に対する考え方

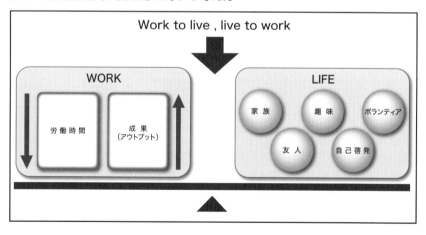

　しかし、日本では、日常生活の中心が仕事という場合が多いです。結果として、働くために生きているような状態になっているのかもしれません。

そのため、唐突に単に残業時間を削減しただけ、休暇を取得させただけでは、その余った時間の使い道にも困ってしまいます。「帰宅恐怖症」、「フラリーマン」（定時退社しても、喫茶店、居酒屋、ゲームセンターなどに寄り道して時間を潰してから帰宅するサラリーマン）という言葉も耳にします。時間の無駄使いであり、もったいないです。

　欧州では、育児、介護など事情を持った従業員が働ける環境も整えられ、どんな事情であれ、成果を出せるのであれば、誰でも働くことができます。また、チームプレイが基本であり、1人当たりの労働時間は削減され、チームで考えることで、新しい斬新なアイデアも生まれています。

2-4　海外の日常生活はデジタル化され、働き方もデジタル化が進む

　欧州、そして東南・南アジアでも、ITを活用し、利便性の高い買い物、移動、金融サービスなどの日常生活が実現されています。もはや、スマホなどのITなしでは暮らすことはできないデジタル社会です。銀行ではATM、ネットバンクで口座開設、入出金、送金などは利用者自身が行い、行員は高付加価値を生む業務を担当しています。小売店でも現金オペレーションに関わる作業は減少しています。

　その他の業種、業務でも、テレワークを導入し、自由に働く場所、時間を選択しています。チームプレイの基本となる情報交換も kahvitauko というコーヒーブレイクの場だけではなく、スケジュール管理、ドキュメント共有などのITを利用しています。ビジネスで利用する以上はセキュリティの対策は実施済という前提で、日常生活の中で利用しているITを自然に、そして普通に働き方に取り入れています。

　東南・南アジアは平均年齢の低い国が多いです。タイは 37.8 歳ですが、インドネシアは 28.0 歳、ネパールは 23.2 歳とかなり低いです。なお、日

本は46.3歳です（出典：世界人口統計（国連））。そして、途上国では様々なものが発展途上で、既得権もありません。金融サービスでは、銀行口座保有率も低く、銀行店舗もATMも身近にはありません。だからこそ、日常生活を向上させるために、新しいサービスが生まれ、必要に迫られればすぐに利用し、普及のスピードも早いのです。東南・南アジアは日本よりも金融サービスに限らず、様々な分野がデジタル化されています。

　同様に、東南・南アジアの働き方も、必要に応じて良いものは利用しています。不便な交通網の代替として、ビデオ会議、チャットでのコミュニケーションは、日本のように古い慣習を気にすることなく、普通に利用されています。そして、若い世代が多いため、新しいものを受入れ、そして簡単に使いこなしています。操作に戸惑うこともありません。

第 3 章

デジタル時代の働き方とは

3-1 デジタル社会を生きる

　デジタル化の進展により、欧州、東南・南アジアだけではなく、日本に住む我々の日常生活も大きく変化しています。IT、特にスマホの普及により、日常生活の利便性は加速度的に向上し、スマホなしでの生活は考えられません。特に、デジタルネイティブと呼ばれるミレニアル世代（2000年代に成人、社会人になる世代）が社会の中心になるに従い、彼らの新しい価値観により、デジタル時代の日常生活が構築されつつあります。

　しかし、デジタル時代の日常生活はITだけで実現しているわけではありません。日常生活の様式が変化し、その変化に応じたルールが制定され、今までになかった産業も生まれています。そして、今ではスマホでの買い物を特別なことという意識は誰にもないでしょう。既に日常生活の一場面であり、文化と言っても言い過ぎではないと思います。働き方も日常生活の一部であるからこそ、デジタル時代の働き方が求められています。

3-2 昭和の働き方はいつまで続くのか

　しかし、多くの社会人は平日の 9:00 〜 18:00 にはデジタル化の恩恵を受けることはあまりありません。この時間帯は平成をすっ飛ばし、昭和の時代へとタイムスリップしているような錯覚を覚えることもあります。

　2013 年以降は第 4 次ベンチャーブームと呼ばれ、ユニコーンと呼ばれる評価額が 10 億ドル以上の未上場のスタートアップがいくつも誕生しています。しかし、いまだに日本の産業界は規模の大小を問わず、歴史と伝統を重んじる企業が中心的存在に君臨しています。それらの企業では、机上には大量の書類が積み上げられ、決裁は紙にハンコであり、そのハンコ

のためだけに何人もの上司を探し回り、何度も同じ説明を繰り返しています。また、目的さえもわからない会議も日々開催されています。そして、誰が読むかもわからない議事録をその数倍の時間を費やして作成しています。これは一例に過ぎませんが、それらが無駄という認識を持つ従業員は少ないと思います。既に文化として根付いているため、会社の門をくぐった瞬間に、この行動が普通と認識してしまうのです。

2025 年にはミレニアル世代が労働人口の過半数を超えます。さらには、その次世代のスマホネイティブである Z 世代（1996 年〜 2012 年の間に生まれた世代）も成人を迎え、続々と社会の門をたたくことになります。彼らの学生時代は PC、スマホが常に日常生活の中心にあり、デジタルの恩恵を受けていました。というよりも、デジタルということを特別に意識することはなかったと思います。

しかし、彼らも入社当初は無駄の多い昭和の時代を感じる職場の光景に顔を歪めていましたが、それほどの時間を必要とせず、疑問を持つことなく、毎朝、この昭和への扉を開くことになります。このままでは、永遠にデジタル時代とはほど遠い昭和の働き方を継承してしまうかもしれません。

日本の人口は減少を続けています。グローバル化が進展する中では、この昭和のビジネスモデルが数年先まで通用するとは限りません。しがらみや古い習慣から抜け出すことができない「大企業病」という言葉はありますが、実際は規模の大小を問わず、多くの日本企業が同じ症状の「日本企業病」に陥っており、働き方改革という処方箋が必要とされています。

なお、誤解がないように付け加えますが、高度経済成長を成し遂げた昭和の働き方には敬意を払っています。しかし、日々技術は進歩し、時代も変わり、人も変わり、価値観も変わっています。働き方にも変化が必要です。1980 年代後半の栄養ドリンクの CM のフレーズ「24 時間働けますか」は流行語となりました。しかし、いまでは死語となり、この言葉を発しただけで、パワハラと言われかねません。そして、2014 年には「24 時間働くのはしんどい」と当時とは対極的な歌詞を盛り込み、キャッチコピーも「3、

4時間戦えますか」と時代の流れとともに変化しています。このCMに倣うわけではありませんが、デジタル時代の働き方は、24時間から3、4時間は無理にしても、少なくともフィンランドで検討がはじまった6時間の労働時間を目指したいものです。

3-3　変わらない働き方、多様化する従業員

　昭和の時代を感じる職場にも変化は起こっています。ミレニアル世代、Z世代という新しい価値観を持った世代が増えていますが、それだけではありません。女性の社会進出が進み、女性の管理職も増えています。非正規の派遣社員も増えています。高齢者の労働力活用が本格的になり、65歳、さらには70歳までの高齢者も一緒に働いています。そして、外国人も増えています。出身国はアジア、欧州、米国など多岐に渡ります。彼らは母国に誇りを持ち、それぞれの宗教、文化、価値観を持っています。終身雇用制が崩壊し、第二新卒も一般用語となり、転職者も増えています。職場は性別、国籍、年齢、価値観など多様な人材が集まる場となっています。

　言葉にも変化があります。「やばい」という言葉は、私の世代では、悪い状況の際に発する言葉でした。しかし、最近では良い状況でも使われています。正直、どちらの意味なのか理解に苦しみます。さらには「エモい」です。国語辞書の「大辞林」にも収録され、一般用語として認められているようですが、私には使い方もわかりません。「エモい」とは英語の「emotional」から転じた、感情が高まった状態になっていることを示す形容詞のことですが、それがわかっても利用シーンさえも浮かびません。

　そして、昭和の時代には、企業それぞれの文化があり、言葉では表せない意思疎通がありました。夜のお付き合いも含めて、「あうんの呼吸」が出世の近道でした。しかし、もう「あうんの呼吸」という言葉さえも存在

しないのかもしれません。

3-4 デジタル化は IT 化ではない

　デジタル時代に働き方は取り残されていますが、IoT、AI、5G、ブロックチェーンなどの最新技術への関心は高く、多くの企業が導入を検討しています。

　しかし、そのほとんどは POC（Proof of Concept）、つまり実証実験で終了してしまいます。つまり失敗です。失敗の原因は明らかで、目的が IT 化になっているからです。プロジェクト名が「AI を導入」のように、IT が主語となっており、本当は何を良くしたいプロジェクトなのかは誰もわかっていないのです。流行のバズワードに乗っただけで、デジタル化を IT 化と勘違いした結果です。IT 化では IT が主役です。しかし、デジタル化では IT は手段に過ぎません。同様に、働き方改革もテレワークはきっかけではありますが、テレワークで活用する IT（ビデオ会議、チャットツールなど）は主役ではなく、手段に過ぎません。

3-5 デジタル時代の日常生活を再認識する

　デジタル時代の日常生活を再確認してみます。社会人の平日 9:00 から 18:00 以外の世界では、ミレニアル世代が中心となり、デジタル化の恩恵を受けた世界が構築されつつあります。当たり前のことばかりですが、デジタル時代の働き方をデザインするうえで、再認識してみることとします。

(1) 空間の制約からの解放

　インターネットは世界中の人と人を繋げています。伝達手段は音声ではなく、LINE、Twitter など SNS のチャットが主流となり、テキスト（文字）だけではなく、絵文字、画像なども交えながら、交流を楽しんでいます。1 対 1 ではなく、複数人での会話（テキストでの会話も含め）もできます。海外の友達との交流も増えています。

　空間の制約から解放されたのは人間と人間のコミュニケーションだけではありません。自宅で留守番をする犬の行動を監視し、餌を自動的に与えることもできます。電気、ガスの消し忘れにも対応できます。いわゆるスマート家電です。

　教育も場所を問いません。イギリス、アメリカの大学、大学院も、一定期間のスクーリングは必要ですが、日本でインターネットを利用した授業だけで卒業、修了ができます。また、リカレント教育（生涯にわたって教育と修了を繰り返す）にも利用され、社会人が自己啓発のために大学院に通うことも珍しくはありません。衛星放送を利用し、全国津々浦々に授業を配信する大手予備校が人気を集め、授業やレポートの提出をインターネットだけで行う高等学校も設立され、国立大学、有名私大への進学者も輩出しています。進学実績からも、当然本人の努力次第ですが、通学制の高等学校に劣ることのない適切な教育が行われていることがわかります。

　既に日常生活では、空間という概念がなくなりつつあります。わざわざ時間とお金をかけて友達に会いに行く、情報を取得するために遠地、海外へ赴く必要はありません。また、音声、画像、テキストなど状況に応じた伝達手段を利用できます。

(2) 情報の共有

　インターネット上には情報が氾濫しています。フェイクニュースをはじめ虚偽や悪意のある情報への注意は必要ですが、使い方を間違わなければ、役立つ情報に溢れています。大手検索サイトの Google で調べるという意

味の「ググる」という言葉も市民権を得ています。友達との会話の中で、わからない言葉があれば、すぐにその場で「ググる」のは普通のことです。

　海外旅行でも、現地で「ググる」ため、わざわざ分厚い観光ガイドを購入することも、読む必要もありません。

　ショッピングでは、いくつもの店舗を巡り、一番安い店舗を探す必要もありません。価格比較サイトで最安値の店舗を見つけ、その店舗に向かえば良いだけです。時刻表で最短、最安のルートを検索し、最寄り駅からは地図アプリの道案内に従うだけです。

　歓送迎会の幹事も、グルメ情報サイトで検索し、場所、雰囲気、料理、予算、口コミなどを確認し、予約ができます。口コミには恣意的な情報もあるので、注意は必要ですが、お店選びに悩むことはありません。

　情報が溢れる社会であり、今までのように有識者に聞いてまわる、辞書で調べる、専門書を読む、時刻表で調べるなど地道な作業は軽減しています。情報を素早く、正確に取得できるか、そして上手く利用できるかが重要となっています。

(3) 積極的な自己表現

　情報の共有を支えているのが、積極的な自己表現です。動画サイトのYouTubeで活躍するユーチューバーが小学生のなりたい職業で上位にランキングする時代です。人気ユーチューバーは高額な報酬を得ているらしいですが、目立ちたい、自己表現ができることが人気の理由だと思います。

　ユーチューバーは敷居が高いですが、HPやブログを公開している方は多いです。Faceboook、Instagramでは実名で旅行、食事などの日常生活を公開しています。興味を持てば、あまり会話をしたことがない人の趣味や行動を知ることもできます。

　ただし、発信する情報に価値がなければ、誰もそのサイトを訪問することはありません。画像であれば、「インスタ映え」を意識し、美しい、派手な「映え」を狙った見る側の興味、関心を意識した写真撮影を心がける

ことが必要です。

　自分自身を、また日常生活、趣味嗜好を気軽に発信できる時代です。さらにユーチューバーが TV に出演し、ブログがきっかけで、ベストセラー作家にもなるチャンスあります。自己表現により、価値が認められれば、さらに夢が広がる時代です。

(4) 新たな出会い

　公開された情報が人と人との出会いのきっかけにもなります。同じ趣味や目的を持つ者同士が物理的な障害を越えて、気軽に出会うことができます。ネット婚活も市民権を得て、婚活の手段の一つとして認知されています。

　また、個人間（C2C）の販売サイトも、今までに出会うことがなかった売り手と買い手の出会いの場であり、新しい販売の場となっています。

　残念ながら、知らない者同士の出会い、商品のやり取りとなるため、危険とは隣り合わせで、犯罪、不良品などには細心の注意が必要です。

　しかし、今までは出会うことがなかった者同士が出会い、新たな価値が生まれているのも事実です。新しい仲間ができ、不用品に価値が生まれ、安価で欲しい商品を購入できます。

(5) 自動化、省力化

　今まで人間が行っていた作業を IT が担っています。言語力が障害となっていた外国人との会話も、自動翻訳の精度の向上とともに、気軽に楽しめるようになりました。英和辞書で調べる手間もなく、外国人にも気軽にメールを送ることができます。外国語のサイトからも簡単に情報を入手できます。

　電車、バスでは切符を買うことなく、Suica、PASMO などの IC 乗車券で乗車できます。もしかしたら、切符を利用したことがないミレニアル世代や Z 世代がいるかもしれません。

　また、無人店舗、無人レジ店舗の本格展開がはじまりました。今までレジに並び、店員が精算していましたが、商品を持って、店舗から出るだけで、買い物は終了します。

　人間が時間と手間をかけて行っていた作業の一部は IT が代行しつつあります。IT に任せられることは IT に任せ、人間は人間にしかできない作業に注力し、本来の目的のために時間を使うことができます。

3-6　デジタル化された日常生活は働き方へ適用できるのか

　デジタル化された日常生活は、働き方へも展開できるはずです。しかし、現実的には、日本の働き方はまだ昭和の時代のままのようにも感じます。その現状と理由を考えてみます。

　欧州に限らず、東南・南アジアでも、銀行、小売店などではデジタル化が進み、働き方のデジタル化も進んでいます。しかし、IT ありきではじめたわけではなく、結果としてデジタル時代の働き方を実践しているだけです。日本でも日常生活で利用されている IT を普通に、自然に、そして当たり前のこととして働き方に導入することが求められています。

(1) 空間の制約からの解放

　在宅勤務やサテライトオフィスの利用が進んでいますが、事務所に集約した働き方が主流です。会議も遠隔地からの移動者も含め、必要の有無に関わらず、多くの参加者が集まります。e-Learning を取入れている企業は多いですが、形骸化している感は否めません。

　実際、事務所に存在していることが仕事という認識があります。そして、会議を含め、対面でしかコミュニケーションが取れないという考えもあります。しかし、日常生活ではビデオ通話やチャットを利用し、十分なコミュ

ニケーションは取れています。上司と部下、同僚同士のコミュニケーション不足は、テレワークだから起こるのではなく、それ以前に信頼関係が築けていない可能性が高いのです。信頼関係を再構築することは必要ですが、デジタル時代の働き方は、空間の制約から解放されています。

(2) 情報の共有

　全社は言うまでもなく、部・課などの最小単位の組織でさえも、ほとんどの場合に、情報・資料は共有されていません。社内にはほぼ同じ内容の資料が点在しています。秘密情報に配慮すれば、顧客への提案書、見積書などの資料は流用できるものは多いです。また、商談の進め方、プロジェクトマネジメント手法など社内で共有すべきノウハウも存在しています。

　日々の作業に忙殺されているため、情報や資料を共有するまでの気配りや時間がないのかもしれません。また、多くの企業では、人事ローテーションが進まず、入社以来同じ仕事を継続して担当する傾向にあり、自分の仕事、成果物、ノウハウが有益であることに気づいていないことも多いです。情報の価値は自分が決めるのではなく、受け手が決めることも理解されていないことが多いです。

　一歩進んで、共有ファイルサーバーなどで一元的に情報を集約している場合もあります。ただし、利用者観点が欠け、操作性が悪く、情報や資料を探すためには、手間や時間がかかってしまいます。「ググる」ように簡単に適切な情報が探すことはできません。

　デジタル時代の働き方は、自分の持つスキル、ノウハウを再認識し、その有益な情報を全社、組織で活用しています。

(3) 積極的な自己表現

　誰が何をやっているのかわからない、どこにいるのかもわからないということはよくある話です。また、同僚の住んでいる地域、趣味、出身大学、家族構成さえも知らないこともあります。何か困ったことがある、知りた

いことがある際には、個人的な人的ネットワークを頼りに探すしか術がないということもよく聞く話です。個人情報保護の観点から、過度の情報共有には注意が必要ですが、一緒に仕事を行うチームでは、最低限の情報共有は必要です。

　多くの企業では、スケジュール管理システムを導入していると思います。まずは、その徹底が必要ですが、さらに従業員個人の個性や得意分野を活かすタレントマネジメントにも注力していくことも必要です。
デジタル時代の働き方は、全ての従業員がスキル、ノウハウ、経験を活かして活躍しています。

(4) 新たな出会い

　SNS というバーチャルの世界では友達が数百人だが、社内には知人が少ないということも、よくある話です。固定化された業務、作業であれば、関連するいくつかの部門の担当者とだけの付き合いでも仕事はできます。

　しかし、エコシステムの時代を反映し、企業間の連携は活性化されています。当然、企業内でも、これまで関係がなかった部門間との連携は必須です。さらには組織という枠組みを超えたチーム作りも求められています。

　デジタル時代の働き方は、社内外を問わず、新しい仲間も含め、チームでの活動が中心です。

(5) 自動化、省力化

　管理部門などでは、定期的な集計作業があります。慣れてしまえば苦にはなりませんが、その単純な作業にも疑問を持つことは少なくなります。安価で操作性に優れた RPA（ロボティック・プロセス・オートメーション）や自動翻訳ソフト、議事録の自動生成ソフトなども既に実用化されています。

　働き方改革において、労働時間の削減は必須です。特に、人間が作業することにより付加価値を生まないならば、IT の導入は積極的に検討すべ

きです。投資対効果、そして人間が適している作業なのか、IT に機械的にやらせるべき作業なのかを見極めたうえで、人間と IT の適材適所の配置は取り組むべきです。

　デジタル時代の働き方は、人間と IT が適材適所の役割分担がされ、人間はより付加価値の高い作業に取り組んでいます。

第4章

デジタル・ワークスタイル・デザイン
（DWD）の提言

4-1 BPR（Business Process Re-Engineering：業務改革）を思い出そう

　デジタル時代の働き方をデザインするにしても、その手法は確立されていません。働き方改革という言葉だけが先行し、手法までを明らかにしているマニュアルなども見当たりません。しかし、今回の新型コロナ対応をきっかけに、多くの企業はテレワークを導入しています。強制的、そして守りからではありますが、多くの企業、多くの従業員が働き方改革の第一歩を歩み出しています。

　働き方改革を推進する際には、BPR を思い出してください。BPR は1990年代にアメリカで提唱されたコンセプトです。BPR は日本でも1990年代、バブル崩壊後の企業再建のために多くの企業が取り組んでいましたが、正直、成功した事例はあまりありません。しかし、働き方改革を残業時間の削減、休暇の取得という小手先の改善にとどめるのではなく、抜本的に企業、もしくは部・課という組織を変革するためには、BPR の手法は参考になります。

　ただし、過去の BPR プロジェクトの失敗の多くは、ERP パッケージの導入など全社画一的な大規模な改革を目指し、IT ありきの IT が主役であったことは再認識してください。大規模過ぎて、BPR の目的、方向性を理解できない従業員が多く、また IT を無理やり適用しようとしたために、抵抗勢力も多かったことが、失敗の主な原因です。しかし、テレワークという働き方改革の第一歩を歩み出した今のタイミングであれば、従業員が目的、方向性を見失う可能性も低く、1990年代と比べ、IT が身近な存在となっているため、同じ失敗を繰り返す可能性は低いです。

4-2 デジタル・ワークスタイル・デザイン（DWD）という新しいフレームワーク

　BPR は経済学者や米国系コンサルティングファームが経験則により、様々なフレームワークを提供しています。基本的には、それらに準じて働き方改革を推進することをお勧めします。しかし、BPR ブームの 1990 年代からは 30 年近い時が流れ、経済、ビジネス環境、日常生活、個人の価値観は大きく変化しています。当時と同じ手法で取り組むだけでは失敗が見えています。今回、それらの時代の変化に対応した新しいフレームワークとして、デジタル・ワークスタイル・デザイン（DWD）を提言させて頂きます。デジタル化の流れにより、既に IT は日常生活の中に普通に存在しています。誰もが、特別に意識することなく、IT を利用し、その恩恵を受けています。そして、新型コロナ対応、東京オリンピック・パラリンピック時の混雑緩和の対策から、既に多くの企業がテレワークを導入済、もしくは本格導入の検討中です。また、少子高齢化時代の到来により、介護、育児問題が社会問題化しています。男女雇用機会均等法も定着し、女性だけがそれらの社会問題を抱える時代ではありません。同じく、労働力不足も社会問題化し、限りある労働力を最大限に活用しなければ、失われた〇〇年と言われて久しいですが、日本経済の復活は難しいでしょう。そして、人生 100 年時代です。会社だけに頼る時代は終わりました。第 2、第 3 の人生を意識した働き方も必要となります。

　このような時代に即した働き方改革を行うために、DWD では、(1) 目的（ありたい姿）、(2) 業務プロセス（IT を含む）、(3) ルール、(4) 組織、(5) 人材、(6) 文化の 6 つの視点で取り組むことをお勧めします（図 3）。

図3：デジタル・ワークスタイル・デザイン（DWD の概念図）

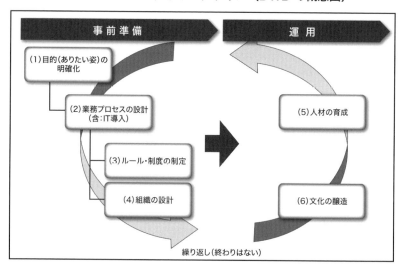

(1) 目的（ありたい姿）

　欧州の労働時間は短く、基本的に残業はありません。そして、労働以外の時間を無駄にせず、目的を持って生きています。家族や友人と過ごす時間を大切にしています。趣味にも興じています。リカレント教育も一般化され、自己啓発にも取り組んでいます。そして、人生の限りある時間の中で、最大限の成果を出すために、仕事にも一生懸命に取り組んでいます。

　一朝一夕に、日本で欧州の考え方を受入れることはできません。しかし、働き方改革の目的を単なる残業時間の削減や休暇の取得としても面白くなく、意味もありません。働き方改革を自分自身の目的を達成するため、また生きがいのための時間を作ると考えたいものです。

　そのためには、従業員、部・課という組織、企業がそれぞれの立場に応じた目的を明確にすることが必要です。仕事以外での目的、また目先ではない将来の目的を持つことで、会社中心の生き方からも脱却できます。退社時間へのこだわりも強くなり、大きな成果を上げるために、チームプレ

イにも積極的に取り組むはずです。

(2) 業務プロセス

　単なる労働時間を削減するだけでは意味がありません。限られた時間の中で最大限の成果を出すことが重要です。そのためには、まずは自分の、そして部・課という組織の業務、作業を見直す必要があります。

　新型コロナ対応により、多くの方がテレワークを経験しています。従業員全員がオフィスに集まり、お互いの顔を見ながら、仕事に関する資料等が身近にある環境から、ノートPCやスマホだけの環境での作業を経験し、様々な発見があったはずです。目的が不明確、成果がない無駄な作業に気づいたかもしれません。日常生活ではあり得ない非効率な作業、例えばスマホを利用すれば一瞬で終わる作業に長い時間を費やす、ビデオ会議で済むものを数時間かけて移動するなど、デジタル時代とは思えない作業に疑問を覚えたことも多かったと思います。

　日常生活で普通に利用しているITを働き方でも活用することを含め、徹底的に無駄を排除し、**デジタル時代の新しい業務プロセスを確立する**ことで、労働時間を削減でき、大きな成果を出すことができます。

(3) ルール

　欧州では働き方に関する様々な制度やルールが施行されています。労働時間の制限や管理方法、産休・育休を含む長期休暇の取得など従業員視点の制度となっています。しかし、これらの制度やルールは国、少なくとも企業レベルのものです。

　法律の施行、企業内の新しい制度の制定には多大な時間がかかります。それを待っていては時期を逸し、従業員のモチベーションも下がってしまいます。DWDでは、**できることからはじめる**こととし、**部・課という組織レベルのルールを考えて**いきます。

　新型コロナ対応ではじめたテレワークでは、ルールが未整備なため、コ

ミュニケーション、勤怠管理、評価、報酬、さらには光熱費の支払いに関することまでが課題としてあがっています。テレワークを恒常的な働き方とするためには、まずは、これらの課題を解決するルールの制定が必要です。

　新しい業務プロセスが確立したとしても、ルールがなければ、無駄な会議は永遠に開催され（会議開催ルールの不備）、チームメンバーの所在は不明で（スケジュール共有ルールの不備）、チーム内でほぼ同じ内容の資料を何種類も作成すること（情報共有ルールの不備）が続いてしまいます。

(4) 組織

　個人主義というイメージが先行する欧州でも、働き方の基本はチームプレイです。チームプレイにより、個人で仕事を抱え込むこともなく、チームメンバーで時間の融通ができ、労働時間の工夫ができます。そして、何よりも、チームメンバーで意見を出し合うことで、個人で考えるよりも、はるかに素晴らしいアイデアが生まれ、大きな成果を出すことができます。

　ただし、チームプレイにはお互いの信頼関係は必須です。そして、信頼関係を築くためにはコミュニケーションが必須であることを忘れてはなりません。

　デジタル時代はエコシステムの時代でもあります。企業と企業が連携し、新しいサービスを創り出しています。**大きな成果を出すためには、個人間、部・課という組織レベル間でも連携は必須です。**2019 年のラグビーワールドカップでは、所属企業が異なり、出身国も様々で、多国籍軍であった日本チームは One Team で、ベスト 8 進出を果たし、チームプレイの重要性を証明しています。

(5) 人材

　デジタル時代の新しい業務プロセス、それを遂行するためのルール、組織を構築できたとしても、実行するのは人、つまり従業員です。

　短期間で、従業員のマインドセットを変え、スキル、ノウハウを向上させることは不可能です。継続的な人材育成を心がける必要があります。

（参考）本当のイノベーション：ING Bank（オランダ）

　あるイベントでの ING Bank のイノベーションに関する講演内容の一部を紹介します。

　「イノベーションとは、価値を創造すること、価値を導入することである。テクノロジーを導入するだけでは意味はなく、人々の活動に結びついてはじめて価値が生まれる。」

　働き方改革もイノベーションの1つであり、従業員の活動に結びつき、行動しなければ意味はありません。

イベント「Money20/20 Europe 2019」より

(6) 文化

　人材と同様に、企業や部・課という組織の文化は短期間で変わることはありません。

　ワークライフバランスが進む欧州の働き方は、押し付けられたものではなく、文化として確立されたものです。日本でも、時間をかけて、目指すべき働き方を**文化として根付かせる**必要があります。文化として根付くことにより、働き方改革は一過性ではなく継続的なものとなります。

4-3　デジタル・ワークスタイル・デザイン（DWD）の前提条件

　DWD は 1990 年代に流行した BPR の手法を取り入れてはいますが、まったく異なる手法です。特に、BPR と同じ失敗を繰り返さないために、1990 年代とは時代背景が異なることを認識し、以下の前提条件を守って

取り組む必要があります。

(1) 多様な価値観

　昭和の時代には、終身雇用が当たり前で、「あうんの呼吸」も存在していました。職場には同じ考え、もしくは出世のために自我を殺してでも従わざるを得ない空気が漂っていました。そのような環境であっても、多くのBPRプロジェクトは失敗しています。

　現在、職場には、様々な事情、価値観を持つ従業員が存在しています。正社員、契約社員、派遣社員、アルバイト、パートなど契約形態だけでも様々です。外国人や帰国子女など日本以外で育ち、異なる価値観を持った従業員も増えています。異なる企業文化で育った人材を求めて採用した中途採用者も活躍の機会を与えられています。定年延長により、60歳以上の中高年社員も増え、年下上司という組織も珍しくはなく、年功序列は崩壊しています。特に、職場で存在感が増しつつあるミレニアル世代、Z世代は、ITを当たり前に使いこなす、昭和の時代とはまったく異なる価値観を持つ世代です。

　DWDに取り組むには、**多種多様な価値観を受け入れる**ことが重要です。

(2) 身近となったIT

　デジタルネイティブであるミレニアル世代、スマホネイティブであるZ世代の増加とともに、ITが特別なものではなくなっています。新型コロナ対応によるテレワークでも、必然的にビデオ会議、チャットなどのITを利用しているはずです。ITは特別なものではなく、**常に身近に存在する**ものとなっています。

　1990年代のBPRプロジェクトはERPパッケージ導入が中心であり、システム部門という特別な専門性を持った組織を中心に展開されていました。そのため、現場とは意見がかけ離れることが多かったことも、失敗の一因です。現在でも、大規模な基幹システムであれば、システム部門を中

心に推進するべきですが、DWD では、部・課という組織レベルの現場で
推進することが必須です。なお、DWD では高額な IT も、複雑な IT を利
用することはありません。

DWD では、デジタル社会となりつつある日常生活に取り残されることな
く、デジタル時代に相応しい働き方の環境を構築することが目的です。

(3) スモールスタート

　働き方改革を推進する際には、対象とする規模により、進め方は異なり
ます。DWD では 10 人〜 30 人程度の部・課レベルでの対応を想定して
います。

　大規模プロジェクトでは、一般社員には効果が見えにくく、多くのプロ
ジェクトは成功体験を感じる前に終息してしまいます。部・課という組織
であれば、身近で、小さいながらも成功を体験できます。成功体験を繰り
返すことで、働き方改革へのモチベーションが下がることを防ぐことがで
きます。

　また、DWD は○億円の受注をする、○○システム構築を完遂するとい
う画一的な目標はなく、海のモノとも山のモノともわからない目標に向
かった取り組みです。そのため、様々な価値観を持つメンバーをまとめる
ためには、この人数が限界です。逆に、10 〜 30 人程度の規模で推進しな
ければ効果は見えにくくなってしまいます。

　また、1 つの部・課が成功することにより、周りの組織もそれに倣い、
小さな改革の輪が、押し付けではなく、自然と大きな輪となることを期待
しています。

(4) 垣根を超える

　なお、10 〜 30 人程度の部・課という組織の枠に閉じて推進するという
意味ではありません。企業、組織、個人でも、単独では複雑化する課題を
解決できることはごくわずかです。積極的に組織の枠を超えて知恵を借り、

協力は求めるべきです。

　従業員個人、部・課という組織だけで完了する業務、作業はありません。関連する部署の協力がなければ、変革を起こすことはできません。垣根を一歩超えるだけで、見える世界は変わってきます。

(5) 継続は力なり

　幾度となく失敗を繰り返すと思います。また、メンバーの反発もあるかもしれません。その中でも、**決められたゴールがない挑戦**ということを理解し、継続的に進めることが重要です。

　デジタル時代に適合した業務プロセス、ルール、組織を構築したとしても、人材、文化に変革が起きなければ、単なる押しつけであり、やらされているだけの状態に過ぎません。権力者や声が大きい方の馴染んだやり方に戻されてしまう可能性もあります。

　職場でも、デジタル時代を普通に振る舞う文化が生まれ、そこで普通に過ごせる人材が育つことが重要です。ITは日進月歩で進化を続けています。日常生活でも、日々利便性の高いサービスが登場します。今後、日常生活のデジタル化はより一層加速するはずであり、追い付いていくだけでも困難なことです。

　働き方改革にはゴールはありません。しかし、職場に新しい文化が根付き、そこで快適に過ごせる人材が育成され、継続的に変革を続ける文化が根付くことが重要です。

第5章

デジタル・ワークスタイル・デザイン
（DWD）の事前準備

5-1 目的（ありたい姿）の明確化

(1) 働き方改革の目的は何なのか

　働き方改革は目的ではありません。そして、手段でもないです。働き方改革というお題を与えられても、抽象的なコンセプトでしかなく、何をしたら良いのかわからないというのが正直なところだと思います。そのため、働き方改革は単純に残業を削減する、休暇を取得するという小手先の話に落ち着いてしまっているのかもしれません。

　しかし、本当に働き方改革を推進するのであれば、なぜ働き方改革を行う必要があるのか、そしてその先には何が見えるのかを考える必要があります。

　DWD では働き方改革を推進するに際し、まずは従業員、また部・課という組織の目的を明確にします。併せて、働き方改革の本当の目的は残業時間の削減でも、休暇の取得でもないことを従業員に認知させることも必要です。

(2) 自由な時間は幸せな時間なのか

　働き方改革が成功すれば、残業は削減され、従業員が自由に使える時間が増えるかもしれません。しかし、突然、自由に使える時間が増えて、従業員やその家族は本当に幸せなのでしょうか。残業代が減り、生活が逼迫するかもしれません。住宅ローンが支払えず、個人破産するかもしれません。定時後にやることがなく、毎晩の飲酒で身体を壊すかもしれません。毎日父親がいる生活には抵抗があり、家庭崩壊へと進むかもしれません。ひと昔前、平日は深夜まで飲み歩き、土日も必ず出社して、新聞を読み、ネットサーフィンをして1日を会社で過ごす上司がいました。目的は受験勉強中の娘との接触を避けるためでしたが、会社しか居場所がなかっただけのことです。

　働き方改革の先にある人生の目的、生きがいを見つけなければ、せっかくの時間も無駄になってしまいます。日本ではこの上司のように、会社中心の生活を送っていたモーレツ社員が評価されていた時代のなごりもあります。また、会社という場にいないことがストレスになる従業員もいるかもしれません。

(3) 働き方改革は「生き方」改革

　働き方改革は進展していません。その理由は高度経済成長時代、バブル時代を過ごした従業員の会社中心の生活のなごりが強すぎると考えられます。働き方改革ではなく、大きく「生き方改革」として、考えることも必要です。

　例えば、家族サービス、趣味、自己啓発、ボランティアなどは、欧州では文化として根付き、普通に行われていますが、これから働き方改革を推進する日本では再認識することからはじめる必要があるかもしれません。

　人生100年時代、70歳まで定年が延びたとして、定年後には約30年の人生が残っています。もう1サイクル、会社人生を送ることができる年数です。定年退職後に年金以外にも2,000万円が必要と言われていますが、それ以上に有意義な価値のある「生き方」を送ることが重要です。そのためにも、早い段階で「生き方改革」も含めた働き方改革を行うべきです。

(4) 目的（ありたい姿）を考えてみる

①個人の目的の例

　働き方改革の目的（ありたい姿）を考える際には、まずは個人の目的、さらに部・課などの組織での目的を考えてください。

　まずは個人の目的です。

　個人であれば、残業時間が削減され、休暇も十分に取得できる前提で、その先にある目的を考えてください。目的が明確となれば、効率的な働き方を自主的に実践し、定時を意識して退社するはずです。退社後に待つ自

分の世界があれば、意識にも変化が起きます。**会社以外の自分の世界が充実し、心身ともにリフレッシュされる**ことで、仕事の生産性が向上し、仕事に向けられていた不平、不満の声も減少するはずです。

　以下、従業員個人の目的の例を示します。なお、個人それぞれの事情があり、趣味嗜好も、夢もありますので、一例として捉えてください。

・家族サービス

　育児、介護という社会問題への対応だけではなく、家族との生活は人生の基本であり、一緒に食事をする、会話を楽しむことは重要です。

　欧州では生活の中心は家族です。また、家族とともに過ごす時間が増えることで、犯罪の低年齢化や離婚率の増加などの社会問題も解決できる可能性があります。単身者でも、親しい気心の知れた友人や恋人と過ごす時間は家族と一緒に過ごすのと同じく重要な時間です。また、ペットを飼っていれば、彼らは常に癒しを与えてくれます。作者不詳の短編詩の一節「あなたには学校もあるし、友達もいます。でも私にはあなたしかいません」のとおり、ペットはいつも早い帰宅を望んでいます。(写真6)

写真6：愛犬マル

安留 義孝：撮影

・趣味

　趣味に没頭していると時間が過ぎることを忘れてしまいます。嫌なことも忘れることができ、心身ともにリフレッシュできます。

　学生時代の趣味も社会人となり、時間を理由に諦めてしまったものもあると思います。再度、時間のある前提で、本気で向き合っても良いでしょう。社会人デビューでも構いません。眠っている、気づいていない才能が開花する可能性もあります。趣味やスポーツの世界で、優勝や入賞を目指すのも良いでしょう。素人が参加できる大会も増えています。元々の身体の鍛え方が違いますが、活き活きとしたアラフィフの現役サッカー選手や現役復帰を目指す元野球選手もいます。時間と気力があれば、いつからでも挑戦できます。

　趣味やスポーツを通じての新たな発見、新たな人脈は、仕事の面でも価値があり、当然、人生を豊かにしてくれるものです。

・自己啓発

　英語を公用語としている企業は増えています。日本にも、多くの外国人が暮らしています。もはや、英語は一部の海外担当の従業員だけが必要とされるスキルではありません。日常生活の幅を広げるためにも必要なスキルです。

欧米では、リカレント教育が盛んです。キャンパスには、中高年の学生も増えています。新しい技術も日々登場するため、キャッチアップは必須です。夜間・土日だけで修了できる、オンラインを主とする大学、大学院も増えています。大学、大学院に限らず、様々な教育機関での専門的な教育は、企業で得る知識とは異なる価値があります。

　また、資格の取得に挑戦するのも良いでしょう。人生100年時代の定年退職後の人生には大きな武器となるはずです。

・リレーション構築

　どれだけ多くの有意義な人脈を持つかも、個人の価値基準の1つです。有意義な人脈を獲得、維持するためには、常に自分自身の価値を高めること、そして、アンテナを高く張ることが必要です。相手に価値を与えることなく、一方通行的にメリットを得るだけでは、継続的な関係を維持することはできません。

　SNS等でリレーションを構築する方法もありますが、異業種交流会や学会などリアルの場に参加することをお勧めします。実際に会って話すことで、絆は強いものになります。私は講演会での講師を務めるごとに、新しいリレーションを得ています。真剣な眼差しで聴いてくれる方、前向きな質問をくれる方とは今でも交流が続いています。会って話すことで、人となりも理解でき、その人に応じた付き合い方ができます。

・副業

　副業を解禁する企業は増えています。副業の目的の一つは収入増です。人により様々な問題を抱えており、収入増により、様々な問題を解決できるはずです。しかし、副業には収入以上の価値があります。本業とは異なる場で得られる人脈、知識、価値観などは大きな財産となります。

　特に大企業の従業員であれば、副業により、会社の看板を外した時の自分の価値を再認識できる機会となります。人生100年時代の定年退職後の働き方を見据えるうえでも、副業に挑戦することをお勧めします。

・ボランティア

　SDGs（Sustainable Development Goals：持続可能な開発目標）は、2015年9月に国連で定められた国際社会共通の目標です。既に多くの企業が、SDGsの目標の実現に向けて様々な支援策に取り組んでいます。

　SDGsでは個人でも取り組むことができる活動もあり、私は途上国の大手金融機関と金融サービスの普及活動に取り組んでいます。ボランティア

なため、金銭的なメリットはありませんが、途上国の経済成長を肌で感じ、その国の方々の笑顔は金銭的な価値にも勝るものです。

　SDGs に限らず、復興支援、外国人や高齢者の生活支援など身の回りには多くのボランティアの機会はあります。（図 4）

図 4：SDGs の 17 の目標

出典：SDGs とは？（国際連合広告センター）

・無の時間

　何かしらの活動を行うのではなく、何もしないという選択肢もあります。独りで、ゆっくりと過ごす時間も重要です。

②部・課レベルの組織での目的の例

　次に、部・課などの組織レベルでの目的を考えてください。そして、その目的はチーム全員で共有する必要があります。チーム一丸で取り組むことで、チームワークが生まれるからです。ただし、売上、利益などの数字はこの場では避けてください。

　ノルマが増えるだけで、メンバーのモチベーションが下がり、働き方改革は逆行してしまう恐れがあります。

・新しい技術の修得

　5G、IoT、AI、ブロックチェーンなどの最新技術がマスコミでも繰り返し報道されています。営業、SE、技術職など職種に関わらず、これら技術の最低限の知識がなければ、顧客との会話にも窮してしまうでしょう。そして、多少の専門知識があれば、顧客にも喜ばれるはずです。また、SEであれば、Pythonなどの新しい言語を修得することで、新しい領域の仕事に関わるチャンスが増えるはずです。

・研修の受講

　経営戦略、会計など業務を遂行するうえで必要となる知識の研修は色々と開催されています。直接的に業務に直結しない知識であっても、人間力の向上になり、無駄になることはありません。

　また、様々な業種、分野向けの展示会も開催されています。トレンドを知るには良い機会です。

・成果の共有

　営業、SEは当然のこと、間接部門であっても、業務を遂行する中で必ず成果はあります。新しい発見もあれば、新しい取り組みもあると思います。その成果を共有する機会を設けることをお勧めします。チームメンバーにとっては、新しい気づきも多いはずです。また、発表者は、他人に伝えることを意識することで、自分自身の業務、作業を見直す機会となります。そして、発表の場は、プレゼンテーション、ドキュメンテーションスキルを向上させる絶好の場となります。

　余談となりますが、ある上場企業の役員から頂いたプレゼンテーションのアドバイスを紹介させて頂きます。「①時間を守れ。誰もお前の話を聞

きたいわけではない。時間オーバーは最悪だが、少なすぎると怠けていると感じる。1時間の枠であれば、59分30秒を目途に終わらせろ」、「②できるだけ多くの聴衆者の目を見て話せ。自分に話しかけられていると思い、注意深く聞いてくれて、眠らない」、「③台本は作るな。朗読のように話すと他人ごとのように聞こえる。常にその場の空気を感じ、自分の言葉で話せ」です。私は人前で話すことが苦手でしたが、このアドバイスに従い、最近では年20回程度の外部の公開セミナーで講師を務め、アンケートでもそれなりに良い評価を頂いています。プレゼンテーションが苦手であれば、試してください。

（参考）効果的なプレゼンテーション方法

　私の経験上のプレゼンテーションの方法を紹介させて頂きましたが、一般的なプレゼンテーションの方法も紹介します。テレワークの進展とともに、ビデオ会議の機会も増え、対面での会話以上に話し方は重要となります。

・Whole Part 法

　全体を最初に、その後詳細を述べ、最後に結論を話すプレゼンテーションの方法です。例えば「今日のテーマは3つです」ではじめ、3つのテーマについて語り、最後に結論で締めます。聞く側も話される内容の大枠を最初に掴めるため、聞きやすくなります。

・PREP 法

　Point（結論）、Reason（理由）、Example（例）、Point（結論）の順番で話すプレゼンテーションの方法です。Whole Part 法に比べ、事例が含まれることで具体性が増し、聞き手の理解度が向上します。

・様々な業務の経験

　部・課という組織レベルでの権限では人事異動の範囲は限定されますが、組織内の担当顧客、担当分野を変更する、上流工程を担当するなどは可能な範囲だと思います。担当を変えることで、一時的に業務負荷は増えますが、マンネリ化は防止できます。様々なチームメンバーと一緒に仕事を行うことで、新しい発見もあるはずです。

5-2 業務プロセスの設計

(1) ムダ、ムラ、ムリの排除

　同じ業務、作業を長期間担当していると、自分自身の業務、作業が見えなくなるものです。マンネリ化により、当初は無駄と感じた作業にも疑問を抱くことはなくなり、何も考えずに、ただ日々その作業を繰り返すことになることも多いのです。特に、人事ローテーションが少ない企業ではその傾向は強いと思います。

　組織の縦割り化、コミュニケーションの減少もあり、関連する前後の工程を意識することも少なくなっています。自分が遅延した場合でも、後工程の担当者が被る被害、影響はわからないかもしれません。また、前工程が遅延した場合には、その理由も考えず、遅延した事実だけに怒りを覚えることもあるでしょう。怒りという感情さえも起きないほど、周りへの関心が薄れているかもしれません。加えて、IT が適切に利用されず、非効率な作業も多いはずです。

　これらの事実を把握するために、2 つの視点で自分の業務、作業を可視化（見える化）してください。1 つは自分の仕事内容の確認、つまり「業務の棚卸し」です。もう 1 つは「業務の流れ」を知ることです。自分の業務、作業を可視化し、客観的に評価することで、「ムダ、ムラ、ムリ」の

いわゆる「3ム」（「ダラリ」とも呼ばれる）を見つけることができます。

（参考）ホワイトカラーの7つの無駄

　製造業のプロセス改善では、トヨタ生産方式（TPS（Toyota Production System））が有名です。トヨタ自動車はホワイトカラーの生産性向上に向けて、「ホワイトカラーの7つの無駄」の削減にも取り組んでいます。その7つとは①会議の無駄、②資料の無駄、③根回しの無駄、④調整の無駄、⑤上司のプライドの無駄、⑥まんねりの無駄、⑦ごっこの無駄です。これらの無駄を削減するだけでも、働き方改革の半分は達成するかもしれません。

引用元：https://www.itmedia.co.jp/business/articles/1807/17/news014_4.html

(2) 業務の棚卸しによる業務プロセスの見直し
①業務の棚卸し
　自分の業務、作業は漠然とはわかっているつもりでも、詳細まではわかっていないことが多いです。この機会に、日々行っている業務を作業ベースで書き出してください。なお、週次、月次、年次などの特殊な作業も忘れないようにしてください。

　作業内容は職種により異なりますが、資料作成、会議・打合せ、調整、報告・連絡・相談、情報収集、PC入力、移動、そして研修・自己啓発などとなります。

　また、作業ごとに対応時間を書き出すことで、**作業の傾向**が明らかになります。

　営業職であれば顧客との打合せが多い、SE職であればPCに向かうプログラミング作業が多いなど職種により、作業内容には特徴があります。営業職が顧客との面談回数がごくわずかであれば、それだけでも重要な気づきであり、自分の業務、作業を見直すきっかけとなります。その場合には、顧客との関係性も築けず、商談の機会も減り、商談獲得の確率も低い

と思います。

　SE職も日々ほとんどの時間を顧客との打合せに割いている結果が見えるかもしれません。顧客に目が向き過ぎて、顧客との打合せ内容をメンバーに伝えることが疎かになり、システムの仕様を口頭での伝達やメモ程度のものとなっていることに気づくことができます。そのSE職のプロジェクトはプロジェクトメンバーとの行き違いが多く、障害、仕様漏れなどのトラブルが多いはずです。

　業務棚卸しの結果、現在の業務、作業のムダ、ムラ、ムリが見えてきます。業務による特性、企業や部・課による特殊事情も考慮したうえで、作業内容を見直してください。

②作業内容の見直し

・資料作成（資料の目的の明確化）

　社内向けの資料は、業務報告が中心です。内容、数字を伝えることが目的なため、本来はビジュアル的な要素は不要で、簡潔さが求められます。しかし、実際はビジュアルに凝った資料が多く、時間がかかり、読む人によって解釈が異なってしまうため、誤解を招くこともあります。

　Amazon.com（アマゾン社）では社内資料をパワーポイントで作成することが禁止されています。パワーポイント禁止という言葉が先行していますが、説明資料は箇条書きにせず、必ず文章形式で書くという資料作成ルールであり、資料を後で読み返しても内容がわかるものとすることが目的です。

　アマゾン社の社内資料は、Narrative（ナラティブ：物語）というA4で1頁、もしくは6頁にまとめなければならず、見出しとその説明だけが記されています。なお、グラフなどの参考情報は添付資料として添えられ、資料の本編とは別扱いです。

　資料を1頁、もしくは6頁の文章にまとめることは、パワーポイントで図や表を加えて資料を作成するよりも難しく、時間もかかるかもしれません。私はイメージ重視で細かな点に配慮する必要がないため、パワーポイ

ントで資料を作成する方が楽です。そのため、パワーポイントに慣れてしまい、文章作成能力は確実に落ちています。さらに、LINE などの SNS では短い文章、というよりは単語で会話をすることが増え、私だけではなく、日本人全体として文章作成能力は確実に落ちていると思います。資料作成以前に、きちんとした日本語の文章を書けるように心がけたいものです。なお、アマゾン社でも社外向け資料ではパワーポイントを利用しています。社内資料ではロジカルな判断を要するが、社外向け資料では製品、サービスの良いイメージを与える必要があるため、ビジュアル的に美しい、インパクトのある資料が求められます。資料も適材適所であり、目的に応じた資料を作成することが重要です。

（参考）アマゾン社の CEO ジェフ・ベゾスの言葉

　Full Sentences are harder to write. They have verbs. The Paragraphs have topic sentences. There is no way to write a six-page, narratively structured memo and not have clear thinking.
（文章を書くのは難しい。それぞれの文章には動詞がある。それぞれの段落にはトピックがある。明確な思考とストーリーがなければ、6 頁のメモを書くことはできない）
　ジョフ・ベゾスは文章作成の難しさは理解しており、従業員に対して、きちんと考える、正確に伝えることの大切さを伝えています。

引用元：Adam Lashinsky　"Jeff Bezos: The Ultimate Disrupter"　Fortune,December 3 ,2012

・資料作成（資料作成の段取り）

　資料を作成する際に、担当者が締切日ギリギリまで抱え込んでしまい、締切日の前日に、ほぼ白紙、もしくは的外れという資料を目の前にして驚愕することはよくあります。担当者にも問題はありますが、スケジュールに問題がある場合が多いのです。つまり、上司（責任者）のミスです。そして、そのミスに気づかず、担当者に責任を押し付け続け、永遠に同じこ

とを繰り返していることも多いです。

　資料を作成するには、少なくとも、資料構成（目次）、資料内容（コンテンツ）、そして資料体裁（見た目）の決定の３つの段階があります。しかし、資料構成（目次）は上司（責任者）も含め、協議のうえ決定しますが、最も時間と頭を使う資料内容（コンテンツ）の作成を担当者に任せきりになることが多いのではないでしょうか。そして、締切日の前日に、上司（責任者）との資料体裁（見た目）の確認を行うが、完成にはほど遠く、徹夜して資料を作成する様子もよく見る光景です。原因は担当者のスキル不足かもしれません。もしくは、担当者が上司（責任者）に相談しなかったのかもしれません。しかし、多くの場合には、上司（責任者）が相談をしにくい雰囲気を作ってしまっているからです。

　このような状況を避けるためにも、段階的なレビューの場を設定することが必要です。あらかじめ、進捗率30%、60%、90%などの段階で資料の進捗状況を上司（責任者）に報告をする場を設定するべきです。進捗に問題がなければ、その場は数分で終わり、担当者が悩んでいれば、上司（責任者）から適切なアドバイスをもらうこともできます。大幅な行き違いがあれば、方向転換をする時間的な余裕も生まれます。

　なお、資料作成は在宅、もしくはサテライトオフィス、カフェなどで行う選択肢もあります。静かな場所で集中したいのであれば、在宅でも構いません。ただし、その際にはスケジュール管理ソフトなどで居場所を共有すること、上司（責任者）を含めた関係者と連絡できる手段を確保することは必須となります。携帯電話に加え、ケースバイケースの連絡ができるように、チャットなどでの連絡方法も必要です。

　そして、今までは時間切れで十分ではなかった資料体裁（見た目）にも時間を取ってください。誤字脱字がないのは当たり前ですが、文字フォント、色合いなどによって、同じ内容でもイメージは変わるものです。

　資料は自己満足で作成することが目的ではなく、読み手が主役です。理解されず、納得されなければ、資料作成時間そのものが無駄となってしま

います。資料作成ごっこをしているわけではないのです。

> **（参考）フィンランドで推奨される 2 つの会議ルール**
> 　世界幸福度ランキング 3 年連続 1 位を獲得したフィンランドでは、効率的な会議を行うためのルールが提唱されています。1 つは「良い会議のためのキャンペーンで提唱された 8 つのルール」（図 5）です。残念ながら、このルールが施行された場合は、日本のほとんどの会議は開催されることはないと思います。
>
> ### 図 5：良い会議のためのキャンペーンで推奨された 8 つのルール
>
> > 【会議前】
> > ・会議の前に本当に必要な会議なのか、開催の是非を検討する。
> > ・もし必要なら、会議のタイプと、相応しい場所を考える。
> > ・出席者を絞る・適切な準備をする。細かな準備が必要な時もあれば、そうでない時もある。
> > ・議長は、参加者に事前に通知し、必要に応じて責任を割り当てる。
> >
> > 【会議のはじめに】
> > ・会議のはじめに目標を確認。会議が終わった時にどんな結果が生まれるべきか。
> > ・会議の終了時間と議題、プロセスの確認。それがアイデア、ディスカッション、意思決定、コミュニケーションのどれであるかを参加者に知らせる。
> >
> > 【会議中】
> > ・会議の議論と決定に全員を巻き込む。一部が支配するのではなく、各自の多様性 (外向的 / 内向的) を考慮に入れる。少人数、隣同士との議論を通して意見を表明する機会なども作る。
> >
> > 【会議の終わり】
> > ・結果や、その役割分担をリストアップし明白にする。
>
> 出典：フィンランド人はなぜ午後 4 時に仕事が終わるのか（著：堀内　都喜子　ポプラ社）

　もう 1 つは「フィンランドの小学 5 年生が作った会議のルール」（図 6）です。小学生らしい率直な表現ですが、学ぶべき点は多々あります。フィンランドの小学生が日本の会議を見る機会があれば、呆れてしまうでしょう。

図 6：フィンランドの小学 5 年生が作った会議のルール

・他人の発言をさえぎらない
・話すときは、だらだらとしゃべらない
・話すときには、怒ったり泣いたりしない
・わからないことがあったら、すぐに質問する
・話を聞くときは、話している人の目を見る
・話を聞くときは、他のことをしない
・最後まで、きちんと話を聞く
・議論が台無しになるようなことは言わない
・どのような意見であっても、間違いと決めつけない
・議論が終わったら、議論の内容の話はしない

出典：図解・フィンランド・メソッド入門（著：北川　達夫　経済界）

・会議・打合せ（社内）

　まずは会議の必要の有無を検討すべきです。慣習として、当初の目的がわからないままに開催されている会議（会議ごっこ）は多いのです。必要有無の判断基準はアウトプット、つまり決定事項の有無となります。

　また、アウトプットがある場合でも、会議にかかるコストを意識してください。「参加人数の時間単価 × 参加人数」が最低限のコストです。このコストを意識すれば、気軽に無駄な会議を開催することは控えるはずです。当然、単なる通知、連絡のような一方通行の場であれば、メール 1 本で十分です。

　次に参加者ですが、ただその場に存在しているだけでは意味がありませ

ん。発言もせず、飽きてしまい寝ているかもしれません。目的がわからず、ただ慣習として参加していることもあります。そのような場合には会議に参加する必要はありません。特に、遠距離の移動を含む場合には、会議は1時間であっても、1日を潰してしまいます。

　会議の開催方法も、新型コロナ対応により、ビデオ会議が選択肢として加わりました。しかし、多人数での議論の場となると、ビデオ会議は馴染まないかもしれません。議題、参加人数、そしてコストを意識した適切な会議方法を選択する必要があります。

　多くの会議は参加者の招集にはじまりますが、既にこの時点で失敗していることが多いのです。目的がない、明確でない会議の招集もあります。目的が不明確であれば、参加者も参加する必要はありません。**会議の招集時には、アジェンダを明確にし、当日使用する資料も添付する**ことが必須です。なお、添付される資料は簡潔な文章でまとめることは言うまでもありません。1頁程度であれば、事前に読むことに躊躇はなく、時間もかかりません。

　そして、招集された場合には、参加する価値、つまり他の参加者にメリットを与えられるのか、自分が得るものがあるのかを判断したうえで、参加の要否を決定すべきです。参加を決めた以上は、資料を事前に理解し、疑問点など確認すべき事項を明確にしたうえで、会議に参加しなければなりません。

　その結果、会議開始と同時に議論が開始され、時間は短縮できます。議論の内容も深まり、より良いアウトプットを出すことができます。さらに、目的意識がある参加者に限定することで、より真剣な場となります。隣の席からイビキが聞こえ、モチベーションが下がるのは私だけではないはずです。

　会議には議事録は必須です。議事録さえ作成されない会議は、元々不要です。会議終了後、若手社員がイヤホンを耳に、一生懸命に議事録を作成している姿をよく見かけます。聴きにくい箇所は再生しながら、議事録を

起票すると数倍の時間がかかりますが、会議中の全ての発言を残すならば、録音した内容を自動的に文章に書き出すソフトも一般化され、自動的に起票されたものを修正すれば十分です。

　議事録は1枚目に日時、参加者、目的、結論（タスク、期日、担当者）だけを明記し、参考資料として、ソフトで自動的に起票された修正済みの議事録、事前に配布された資料を添付すれば十分です。時間がなければ、1枚目の結論だけ見れば十分です。興味があれば、議論の流れも参照することもできます。そして、事前に配布された資料を見れば、背景なども確認できます。立場、興味に応じて、会議の内容を確認できます。

　当然のことですが、会議に不参加でも、関係者であれば、議事録を送付することを忘れてはなりません。会議の参加は不要ですが、組織やプロジェクトには必要不可欠であることには変わりありません。会議に参加するよりも、優先すべき作業を行って欲しいだけです。

　社内の会議は無駄が多いです。会議の開催の必要有無、参加者の条件、開催方法（リアル、ビデオ会議）、進行方法を含めて、ルールの制定が必要です。抵抗勢力が多い領域ですが、だからこそ絶大な効果が見込める領域とも言えます。そして、抵抗勢力の勢いが強い場合には、まずはフィンランドの2つの会議ルールを読んでもらうことをお勧めします。

・会議・打合せ（社外）
　顧客との会議では、顧客の意向を優先させる必要がありますが、基本的には社内と同じ考えでの見直しが必要です。ただし、参加者の選定には気をつけてください。どこの企業でも会議室不足に悩まされており、大人数での訪問はそれだけでも迷惑となります。そのため、発言をしないのであれば、顧客との会議には参加するべきではないです。昭和の時代と異なり、大人数での訪問を意欲と見る顧客はいません。本当に迷惑なのです。

　私もある顧客との会議を主催した際に、誰も招集をしていませんが、そしてどこで聞きつけたのかもわかりませんが、なぜか当日15人も参加し

てしまったことがあります。予定外の参加人数で会場設定に手間を取ったのは言うまでもなく、15人中10人が3時間を無言で過ごしました。3時間、寝ることなく、飽きもせず無言で過ごしたことは称賛に値しますが、今でも何しに来たのか疑問です。顧客からは一言、無駄であると厳重なお叱りと、暇で良いですねと嫌みの言葉を頂いてしまいました。

　オリンピックは参加することに意義がありますが、会議は参加するだけでは無駄どころか、迷惑でしかありません。社内、社外を問わず、会議に参加していることが、仕事と勘違いをしている方もいるかもしれませんが、それは単なるお仕事ごっこに過ぎません。

・調整（会議・打合せ日程等）

　意外に時間と手間がかかるのが、会議の調整です。これも参加者を絞り込むことで調整の時間と手間は削減できます。まずは、主催者、および意思決定者という必要最低限の参加者の日程さえ押さえれば良いのです。その他の招集された参加者は、必要であれば、他の予定を調整してでも参加するはずです。ただし、どうしても調整がつかない場合でも、事前にアジェンダ、関連資料が配布されていれば、事前に自分の考えや質問を伝えることができ、当日の議題に加えてもらうことができます。

　既に導入している企業も多いと思いますが、スケジュール共有ソフトで常に個々のスケジュールを公開しておけば、主催者の日程調整の手間はなくなります。

・報告・連絡・相談

　いわゆる「**報連相（ほうれんそう）**」ですが、雑談と相談の「**雑相（ざっそう）**」という考えに改めても良いのではないでしょうか。フィンランドの kahvitauko のように、雑談の場で、自然と報告、連絡、相談ができる環境を作れるように努めてください。忘年会スルーの時代で、喫煙者も減少しています。それらに代わる気軽に話せる場を作ることが必要です。わ

ざわざかしこまって、報告、連絡、相談の時間を作る必要もなくなります。

　テレワークでも、上司から部下にメール、チャットなどで雑談をすることが重要です。「今何している」、「報告はまだか」、「資料はできたか」という仕事関連のメッセージだけを受け取り続けると、顔が見えない分、上司と部下の距離は一層離れてしまいます。

　上司への報告、連絡、相談も、対面に拘る必要はありません。日常生活では既にチャットでも行われていますが、事務的なものであれば、メール、チャットで済ませても良いはずです。移動中や待機中の狭間の時間も無駄にせず、有効に活用できます。対面が必要と判断した場合のみ、対面、もしくはビデオ会議で実施すれば良いのです。スケジュール共有ソフトで常に個々のスケジュールを公開しておけば、日時調整の時間も手間も省けます。

・情報収集

　社内、部・課内という組織には貴重な情報・資料は蓄積されています。しかし、そもそも共有していない、もしくは共有していても見つからない、のどちらかの状態だと思います。

　共有していない理由は、従業員自身がその価値を理解していない可能性が高く、チームメンバーの仕事を理解していないからです。同じ業界を担当していれば同じ情報が必要とされ、同じような資料を作っていることが多いです。これはコミュニケーションが取れれば、解決できるはずです。

　しかし、情報・資料が必要とされることを理解しつつも共有が進まないことも多いです。これを解決するためには、**情報、資料を提供した場合には、提供した側にメリットがある仕組み**を構築することが必要です。例えば、情報、資料の共有で 1 ポイント、利用された場合には 3 ポイント、商談を獲得できれば 5 ポイントなど提供側の価値を明確にすることです。当然、ポイントは人事評価にも連動する、もしくは表彰を行うなどの対価も必要です。ただし、チームで信頼関係が構築できていれば、感謝の意「あ

りがとう」を伝えるだけでも十分なはずです。

　もう一方で、共有は進んでいるが、利用されていないこともあります。共有ファイルサーバーなどでは管理しているものの、管理ルールがないことが原因です。資料を共有ファイルサーバーに置くだけでは不十分で、**文書管理ルールを制定**することが必要です。文書種類（提案書、見積書など）、提出先（顧客、社内など）、情報レベル（社外秘、部・課内限りなど）、作成者などを各々コード化し、日付と簡単な資料名で、例えば「0102030420200401 ブロックチェーン資料．PPT」で管理すれば、検索もしやすくなります。さらに、コメントも入れると良いでしょう。グルメサイトでも、口コミを参考にしますが、「この資料で商談を獲得しました」、「ブロックチェーンの紹介にはおすすめ」程度のコメントが添えられるだけでも、その資料の価値や利用方法を判断しやすくなります。ただし、秘密情報の取り扱いには細心の注意が必要です。チームメンバーに秘密情報の管理を徹底させることは当たり前ですが、それでも難しい場合には、共有ファイルサーバーには格納せず、所有者に個別に問合せを行うなどのルールが必要となります。さらには、秘密情報の漏えいが懲戒処分の対象であることを再認識させることも必要です。

　そして、その情報、資料の存在を知らなければ、誰も利用することはできません。メール、チャットなどで簡単に伝える方法はいくらでもあります。

　テレワークが推進されると、紙での情報管理は難しくなります。紙の資料を見るためだけに、会社に出社しなければならないようなことは避けたいものです。紙で受領した資料の電子化も併せて進めてください。新型コロナ対応でも、紙の資料を探すためだけに出社したことがあったのではないでしょうか。テレワークを推進するためには、紙資料の電子化、ペーパーレス化は必須です。

（参考）外資系コンサルティングファームの情報共有

　外資系というと、個人主義で、情報や資料も個人で管理し、他人には共有しないイメージがあるかもしれませんが、大きな勘違いです。世界中の情報や資料が社内には蓄積され、誰でも参照、利用可能で、そのスキル、ノウハウを持つメンバーをプロジェクトに参画させることが外資系コンサルティングファームの強みです。

　もし、情報や資料の共有ができていないと感じるコンサルティングファームがあれば、取引は見送った方が良いです。アウトプットは個人のコンサルタントの能力止まりで、企業としての価値が提供されることはないと思います。

　外資系コンサルティングファームはプロジェクトごとに組織が組成されるため、常にアピールし続けなければ、仕事にアサインされることはありません。そのため、積極的に自分の付加価値となる情報を提供し、資料を共有しています。プロジェクトにアサインされなければ、仕事もできず、人事評価も低く、居場所もなくなってしまいます。コンサルティング業界は転職が多いですが、全てがジョブホッピングというわけではなく、このように居場所を失ってやむなくというケースも多いようです。

・PC 入力

　管理部門をはじめ、その他の部署でも、月末、期末などの締めの時期には、数字などの集計作業が増えます。また、定型的に資料を参照しながら、入力する作業もあります。請求書や納品書なども、ある資料から宛先を参照し、別の資料から金額を参照して作成することもあると思います。

　PC を利用する作業のうち、手順が確立している定型処理、反復・繰り返し処理、複数のシステムを跨ぐ処理を見つけてください。RPA（ロボティック・プロセス・オートメーション　第2部第5章参照）で作業を代

替できる可能性があります。RPA により、時間短縮だけではなく、ケアレスミスも無くすことができます。ただし、RPA は夢のツールではありません。経験、ノウハウによる人間の判断が必要とされる作業は RPA には任せることはできません。人間と IT の適材適所を考える必要があります。

　補足しますが、AI の流行とともに、RPA が AI の一部として取り扱われることがありますが、RPA は PC での単純作業を人間に代行する技術に過ぎません。RPA は繰り返し作業も飽きることなく、ミスなく行いますが、複数のパターンに対応することも判断することもできません。

・移動

　顧客先、ビジネスパートナー先への移動は仕方がありません。相手が嫌がらない限りは、接点を継続して持つことが商談獲得などにも影響します。しかし、**社内であれば、目的、アウトプットに応じて、ビデオ会議に移行し、移動時間を削減すべきです。**

　頻繁に顧客先を訪問する必要がある場合には、顧客からの信頼関係などにより、絶対的に現在の担当者でなければならない場合以外は、担当変更を検討すべきです。ただ単に担当を変えるのではなく、**チームプレイにより、顧客への提供価値を下げることがないような工夫が必要です。**例えば、X 地域、Y 地域を 2 人のチームで担当させ、それぞれの住居からの距離に応じて、主担当を X 地域は A さん、Y 地域は B さんとし、頻繁に顧客先を訪問し、場合によっては、X 地域にも B さんが同行するなどの対応が必要です。

　チームプレイにより、移動時間の問題だけではなく、休暇も取得しやすくなり、担当者が一人で悩みを抱えるような事態も回避できます。

(3) 業務のフロー図による業務プロセスの見直し
①業務フロー図の作成
　次に業務の流れを確認してください。業務フロー図は内部統制（J-SOX

法）対応時に作成した企業も多いと思います。また、業務マニュアルなどにも掲載されていることが多いです。

　業務フロー図を作成する目的は、**業務の流れを関係者で共有し、チームメンバーの業務、作業を知る**ことです。そのため、誰にでもわかる業務フロー図を作成しなければ意味はありません。エクセル、ワード、パワーポイントなどでも作成はできますが、処理図の共通化などを含め、効率を考えると専門ソフトで作成することをお勧めします。

　業務フロー図は、以下の作業に集約するとわかりやすくなります。「確認・照合」（情報を見る、収集する）、「入力」（情報を PC に入力、帳票などの紙に記入）、「出力」（情報を帳票などの紙に出力、データ作成、資料作成）、「受領・送付」（情報の受け渡し）、「承認」（情報の確定、「連絡」情報の共有、調整）です。

（参考）ECRS の原則

　業務フローの見直しには、「ECRS の原則」が参考になります。ECRS とは Eliminate（無駄な作業を捨てる）、Combine（似たような作業を統合し、違う作業は分離する）、Rearrange（業務フローを変更し、あるべき業務フローに置き換える）、Simplify（無駄をそぎ落とし、簡素化する）の頭文字を組合せたものです。

---

②業務の流れの見直し

・前後関係を意識する

　作業の開始の条件、そして誰からの引き渡しなのか、同様に作業の終了の条件、そして後続の作業は誰が行うのかを確認します。マンネリ化に伴い、周りを意識することなく、自分の作業だけに没頭してしまうことが多くなります。しかし、1 人で完結する作業は少なく、作業の前後には必ず関連する作業があります。

　作業の前後の関係者を把握できれば、お互いの作業のタイミングを確認できます。後工程の作業との認識違いもあり、不要不急な残業をしていることがあるかもしれません。昨日は遅い時間まで残業となったが、今日はまったくやることがないということもよくあることです。後工程の作業のタイミングを把握することで、作業を平準化し、一過性の残業を削減できます。逆に、後工程の作業時間を無駄にしないためにも、適切なタイミングで作業を引き渡す意識も高まります。

　また、後工程では一切利用することのない資料を一生懸命、時間をかけて作成しているような無駄も見つかります。前任者から目的が不明確な作業を引継ぎ、無意識に作業を続けているが、数年後には関連する作業は変化し、既に無意味な作業を行っていることは意外に多いものです。

・条件を明確にし、停滞をなくす

　ルールが不明確で判断に苦しむこともあります。作業の終了条件の基準がわからず、無意味に作業を続けてしまうこともあります。100％を求める日本では、達成基準がなければ、時間をかける傾向となってしまいます。そのためにも、終了の条件、基準は定めなければなりません。

　決裁事項であれば、権限に応じた条件の設定が必要です。この条件をきちんと把握していなければ、規則違反になることもあります。決裁者が長期休暇などで不在になり、困惑することにもなりかねません。

・ムダな階層をなくす

　組織の階層化により、決裁書は言うまでもなく、様々な資料にも段階的な確認が必要となっています。確認者が増えれば、それだけ時間はかかってしまいます。そして、その時間をかけただけのアドバイスをもらえることは正直少ないと思います。個人の趣味とこだわりに流され、ループ状態になることもあります。「トヨタのホワイトカラーの７つの無駄」の「上司のプライドの無駄」に該当する状態は日々起こっています。しかし、逆

の立場となると、責任もない、知識もないのに、回覧だけされるのも迷惑なものです。きっかけがなく、お互いに言い出せないだけなのかもしれません。

　責任がある、また知見が得られる場合を除き、階層は減らすべきです。決裁も早くなり、資料作成の時間も削減され、内容の強化に時間を充てることができます。

・アウトプットから見直す

　業務フロー図の最終点では、何かしらのアウトプット（決定事項、資料等）があるはずです。アウトプットがない作業は廃止すべきです。

　また、チームメンバーと業務フロー図を共有すると、ほとんど同じ内容のアウトプットを作成していることに気づくことがあります。微妙な差異の確認は必要ですが、作業の統合を検討すべきです。

（参考）レジ待ちのプロセスを変更しただけで UX が向上
**　　　　Habitat（シンガポール）**

　大型生鮮食品スーパーマーケットの Habitat はレジ待ちの行列を無くしています。商品を積んだカートを指定場所で預ければ、数分後には精算済の袋詰めされた商品を引き取ることができます（写真7）。レジ待ちの行列で、他人の精算を見ながら、イライラして過ごすことはなくなります。精算時の作業一式（決済、袋詰めなど）を店舗側で行うように業務フローを変えたに過ぎませんが、顧客満足度が高いサービスとなっています。

写真7：Habitat の Auto Checkout（シンガポール）

安留 義孝：撮影

(4) 手段としての IT

　デジタル時代の新業務プロセスには、IT の導入は必要不可欠です。しかし、IT は主役ではなく、手段に過ぎません。

　また、高価で、操作も難しい特別な IT を導入する必要もありません。既に日常生活の中に溶け込んでいる IT を活用すべきです。AI、5G、IoT、ブロックチェーンなど高価な、高度な IT は、次の段階で考えれば良いのです。まずは、デジタル時代に取り残された働き方を日常生活のレベルに引き上げるだけで十分です。

　ビデオ会議、チャットは日常生活でも利用されています。共有ファイルサーバー、スケジュール管理も多くの企業で既に導入済と思います。導入していない場合でも、SNS、写真共有などは利用したことがあるはずです。RPA は馴染みがないかもしれませんが、ロボットという観点では、お掃除ロボットなども登場しており、その範疇と捉えてください。

　新型コロナ対応により、テレワークの導入は進み、導入を検討している企業も多いです。テレワークで利用するITを軸に働き方改革を進めれば十分です。そして、何よりも実績は抵抗勢力対策には有効です。細かな改善点はあるかもしれませんが、今では、テレワークを否定されることはないはずです。

　なお、新規にITを導入する際には、企業ごとのセキュリティポリシーの順守は必須です。

（参考）無人コンビニはどこへ：Bing Box（上海）

　2016年、無人コンビニBingo Boxが中国広東省に登場しました。入口でWeChat PayアプリでQRコードを読み取ると入口が解錠され入店できます。店内の全ての商品にはRFIDタグが貼付され、商品をレジ台に乗せると、RFIDタグがスキャンされ、表示される金額を確認し、WeChat PayアプリでQRコードを読み取り、退店すれば買い物は終了です。(写真8)

　当時は、私を含め多くの方がBing Boxに驚きと感動を覚えたはずです。しかし、Bing BoxはITをアピールしただけの仕組みであり、利用者のことを考えたものではありません。そのため、2018年に上海を訪問した際には撤退しており、その他の地域での撤退も発表されています。撤退理由は最先端のITということだけを意識した店舗に過ぎず、利用者には受け入れられなかったためです。

　狭い店舗は不愉快であり、品揃えも良くありません。生鮮食品を含め、賞味期限が短いものは扱えず、価格も安くない。そして、入店のためのQRコードの読込みや精算を自分で行うのも意外に面倒くさいものです。

写真 8：Bingo Box の店内（上海）

安留 義孝：撮影

　その他の最先端の IT だけをアピールした店舗も評判は良くはありません。台湾の X-Store は画像認識技術をアピールした店舗ですが、画像認証による入店や精算が非常に面倒で、開店数ヵ月で撤退を発表しています。インドネシアの JD.ID-X-Mart も、RFID による自動精算ですが、精算時には一瞬ですが、個室に閉じ込められてしまいます。店舗は閑散としています。

　これらの店舗は、気軽にコーヒー 1 つ買うためだけに、時間がかかり、ストレスを感じるので、日々利用することは考えられないのでしょう。如何に最先端の IT を導入しても、利用者に利用されなければ意味はないのです。

(5) 新業務プロセスの構築

　業務の棚卸し、業務フロー図の作成により、自分の、そしてチームの実

態と改善すべき点が見えてくるはずです。ITの活用も含め、デジタル時代の業務プロセスを確立してください。改善点を解決した新業務プロセスでは、ムダ、ムラ、ムリのない業務を遂行できるはずです。

しかしながら、時代の変化とともに、業務、作業も変化します。ITも進歩します。これを機会にマンネリ化することなく、常に問題意識を持つ習慣を身につけてください。時代の変化とともに、業務プロセスも日々進化させる必要があります。

5-3 ルールの制定

新業務プロセスにはルールが必要

新業務プロセスで業務を運用するにあたり、新規に制定すべき、また改版すべきルールを再度取り上げます。改めて、検討を行ってください。

以下、部・課という組織で対応可能なものを取り上げています。

①資料の体裁

目的に適した資料とすることが大前提です。社内向け資料であれば、簡潔な文章で作成し、過度なビジュアル的な資料は不要です。

②資料の作成方法

担当者に丸投げするのではなく、上司（責任者）の適度のレビュータイミングを事前に設定してください。

③会議の開催基準

通知、連絡だけの一方通行の場であれば、メール、もしくはビデオ会議での開催とします。アウトプットのない会議の開催は不要です。

④会議の進行

　参加予定者には、事前にアジェンダ、関連資料を送付することが必須です。参加予定者は事前に会議内容を確認し、出席の必要有無を判断することとします。

　会議終了後には、関係者に議事録を送付することとします。なお、議事録は簡潔な文章で作成することとします。

⑤会議の参加者

　最小人数での開催とします。会議中に発言がない者の参加は認めません。ビデオ会議での参加、もしくは議事録で確認してもらいます。

⑥スケジュール管理

　自分の予定、所在地はチームメンバーに共有します。その際、空き時間を明確にし、報告、連絡、相談が可能な時間帯も明らかにします。

⑦ドキュメント管理

　情報、資料は原則共有します。文書管理ルールを徹底し、そのルールに従った文書管理体系で格納を行います。なお、格納された情報、資料が利用された際には、作成者にインセンティブを与えます。

⑧コミュニケーション

　電話、メール、チャットと複数のコミュニケーション手段を用意し、状況に応じて利用します。

　また、休憩コーナーなどを設け、チームメンバーの交流を促します。勤務時間中の適度の休憩は義務ではありませんが、推奨します。

5-4 組織の設計

チームプレイができる環境

　部・課レベルでの組織の変更には限界があります。まずは、個人プレイからチームプレイができる組織に変革することが求められます。業務プロセスの見直しが実現しても、個人プレイが続くのであれば、大きな効果は期待できません。その際にはルール、人事評価で縛ることも必要かもしれません。

　チームプレイにより、ワークシェアリングが可能となり、情報の共有も必然的に必要となり、休暇も取得しやすくなります。チームメンバーと接する機会が増えることで、孤独感もなくなり、一人で悩むこともなくなります。

第6章

デジタル・ワークスタイル・デザイン
（DWD）の運用

6-1 まずは新業務プロセスではじめてみる

(1) 働き方改革にゴールはない

　机上だけでは、働き方改革が進展することはありません。はじめなければ、永遠に実現することはなく、せっかく盛り上がった従業員のモチベーションも下がってしまいます。DWD は新業務プロセスの絵を描くことが目的ではありません。

　新業務プロセスでの運用はデザインシンキング的なアプローチで臨んでください。作成した新業務プロセス、ルール、組織は完璧ではありません。実践する中で、課題の発見、解決を繰り返し、働き方を継続的に改革する必要があります。働き方改革はゴールが見えない戦いです。

(参考) デザインシンキング (Design Thinking)

　デザインシンキングとは、デザインしたサービスや製品の先にあるユーザーを理解し、仮説を立案し、試行を繰り返しながら、問題解決する手法です。ただ考えるだけではなく、行動しながら考え、より良い結果を追い求めます。

　具体的には、いくつもの質問を自問自答しながら、問題解決を行います。本当の問題は何か、仮説は本当に正しいのか、この現象が意味するものは何かなどを繰り返します。

　特に重要なのは「人間中心的 (human-centric)」なアプローチです。つまり、ユーザーを中心に捉えてデザインすることです。働き方改革では従業員が中心です。

　余談ですが、私は言葉の先入観から「デザイン思考 (Design Thinking)」が、なかなか腑に落ちませんでしたので、その点を補足します。

> Design Thinking の Design は「意匠」と訳されるため、モノの外観を作るイメージを持ってしまいがちです。ファッションや自動車のデザイナーが絵を描く、色を塗る印象が強いです。しかし、Design Thinking の Design は、「de（否定）+sign（記号）」であり、既存のモノを破壊すること、「新しい機会を見つけるための問題解決プロセス」のことです。

6-2 人材の育成

(1) 人材育成は働き方改革の肝

　新業務プロセスを運用し、定期的に見直しを行うことで、人材の意識にも変化が起きます。上司の立場であれば、変化が起きるように誘導してください。

　職場の光景も昭和の時代とは変化しています。当然、求められる人材像も変化しています。働き方改革を推進する際には、時代に適した考え方、スキル、ノウハウを持った人材が求められます。働き方改革において、人材育成は大きなテーマです。

①生き残るための自己表現力

　新型コロナ対応によるテレワークが推進され、また、それ以前より、フリーアドレス化を進めている企業は多いです。常に顔を合わせ、固定の席に座っている時代ではありません。従業員は空間的な自由を獲得した代わりに、存在しているだけで良いという既得権が奪われたことを再認識する必要があります。

　極端な話ですが、毎朝会社の門を定時にくぐれば、仕事の大半が終わる

という生活は誰もが失います。会議に呼ばれなくなるかもしれません。自分の担当する作業が不要と判断され、廃止されるかもしれません。存在感がなければ、生き残ることはできないのです。

　その時代を先読みしていたのか、面白い動きをする先輩がいました。上司の予定を常に確認し、上司が在席の時には必ず目の前に座り、出張で不在の時は、その先輩は行方不明になります。それは平日だけではなく、土日も含めてです。これは極端な例ですが、毎日上司の前だけは出社し、遅くまで会社に残ることで存在感を高めようという考えは本末転倒です。

　このような悲しい生活を送るくらいであれば、自分の存在価値を実力で高めることに注力して欲しいものです。「この業務であれば、彼が一番知っている」、「この提案書には彼女の視点を入れた方が良い」など、バイネームで期待されるような存在になることが求められます。「○○部のＡさん」ではなく、「□□のスペシャリストのＡさん」と呼ばれることが必要な時代です。

　そして、自己満足で一生懸命、机上で知識を修得するだけでは意味がありません。SNSで「いいね！」を期待し、自分の趣味や旅行先の写真が公開するのと同様に、自分のスキル、ノウハウを知ってもらわなければ意味はありません。プロジェクト制を取る企業では、自己表現ができなければ、仕事を得ることができず、評価も得られず、結果として、会社内での居場所を失うことは日常茶飯事です。

　働き方改革が進展した先には、得意分野を有した自己表現ができる人材が存在しています。

②日本語能力で人は判断される

　自己表現をするにも、またチームプレイを円滑に進めるためにも、表現力は重要です。テレワークが進展するに従い、対面での会話は減少し、メール、チャットという単語だけ、短い文章でのコミュニケーションが増えることになります。

　ここで問題になるのが、表現力です。社内資料はパワーポイントではなく、1 枚での簡潔な文章を推奨しましたが、面倒くさい、時間がかかると思った方も多いと思います。しかし、今後は文章だけで、その人の価値も評価されることを覚悟しなければなりません。

　日本語が母国語という前提であれば、慣れることが文章力向上の近道です。とにかく、簡潔な日本語の文章を書くことを繰り返してください。そして、自分の書いた文章を数日後に読み返し、おかしな点があれば、次回以降には気をつけることで、文章力は自然と向上します。会社によっては、パワーポイントでビジュアル的に美しい、インパクトのある資料を作成できることが評価されるかもしれませんが、文章力はまったく別のスキルです。

　日本語能力が低いと感じる例ですが、「～できていない」、「～する」が混在する語尾が不統一の文章です。問題点と課題の違いを意識していないための表現ですが、非常に読みにくいです。「働き方改革において、残業の削減ができていない」は問題点で、「働き方改革において、残業の削減に取組む」は課題です。この点を意識するだけでも、文章は読みやすくなります。

　働き方改革が進展した先は、誰もが簡潔な日本語の文章が書くことができます。

③個人ではなくチームプレイ

　個人でできることには限界があります。働き方改革が進展しないのも、チームプレイができていないことも一因です。

　企業レベルでは、今までは考えられなかった大企業同士が連携しています。VUCA の時代（Volatility（変動性・不安定さ）、Uncertainty（不確実性・不確定さ）、Complexity（複雑性）、Ambiguity（曖昧性・不明確さ））と言われる現在では、一企業の力だけではこの時代を生き残ることはできません。企業だけではなく、個人も同様に、チームワークこそが生き残る

手段です。今までは個人で解決できた課題もあったかもしれません。しかし、日々課題は困難かつ大規模となり、個人で解決できる範囲を超える課題も増えています。有知識者の経験、知恵が必要となり、大人数での力技の対応が必要なこともあります。

　働き方改革が進展した先は、チームワークでの活動が中心となっています。

④「働かないおじさん」にならないために

　定年が延び、定年後も嘱託社員として会社に残るシニア社員は増え、若手社員からしたら、やっかいな存在となっています。「働かないおじさん」は、毎朝、会社には出勤し、何のアウトプットも出さず、ただ定年までを問題なく過ごすことだけを目的に、定時にきちんと帰っていきます。そのため、妖精さんとも呼ばれています。

　シニア社員には、妖精さんとは逆のタイプもいます。彼らは妖精さんに対し、妖怪と呼ばれています。何事にも口をはさみ、手は動かさず、場を乱します。どちらのタイプであれ、年長者であるため、なかなか注意はしにくいものです。

　一般的に、年齢の上昇とともに生産性は落ちてしまいます。新しい技術、知識の修得にも興味は薄れ、時間もかかります。しかし、数十年培った経験、スキル、ノウハウ、人脈は若い世代には負けることはないです。自分の強みを再認識し、スキル、ノウハウ、人脈などを積極的に伝承する「経験値の高い社員」になることもできます。妖精さんになるのか、妖怪になるのか、もしくは「経験値の高い社員」となり、若手社員から敬意を払われて過ごすかは自分自身で決めることができます。

　シニア社員も自己表現が重要となります。誰だかわからないおじさんの話を真剣に聞く若手社員は少ないと思います。「元○○部の部長さん」ではなく、「□□のスペシャリストのおじさん」と呼ばれたいものです。40代後半、50代の方々は、近々この選択を迫られることになるはずです。

一日も早く、意識を変えることをお勧めします。また、組織としても、妖精さん予備軍のシニア社員には役割を与えてください。妖怪には本人がいなくなった前提での後継者を育成するという明確なミッションを与えることが必要です。

　働き方改革が進展した先は、妖精さんも妖怪もいない活気に満ちた職場です。

⑤働き方改革ではなく、生き方改革

　昭和の時代は、「24時間は働けますか」の言葉のとおり、会社中心の生活であり、1日のほとんどを職場で過ごし、自宅には寝に帰るだけということが多かったものです。当然、家族との接点は少ないです。しかし、時代は変化しています。働き方だけを改革しても、何も変わることはありません。生き方も変革する必要があります。新型コロナ対応の自粛期間にはやることがなく、時間を潰すのにも困った方も多いのではないでしょうか。一部の資産家以外は、生きるために働かなければなりません。しかし、せっかくの人生、働くだけで終わってはつまらないものです。家族、友人との時間、趣味の時間、自己啓発の時間を優先しても良いのではないでしょうか。

　人生100年時代です。100歳まで生きるとして、平均的に、22年間は学生時代、その後65歳まで働くとして43年間、残りの人生は35年です。身体さえ動けば、そして意欲があれば何でもできます。

　既に定年退職している先輩の言葉「定年を迎えてからが人生の本当の勝負。会社で得た知識、人脈を駆使して、今後は会社のためでなく、自分の人生を生きる」ですが、私も50歳を過ぎ、ようやくこの言葉を理解できるようになりました。まだまだ人生の折り返し地点で、今後も様々なことに挑戦ができ、そのための準備も怠ってはなりません。

　働き方改革が進展した先は、働くこと以外の生きがいを持って働いています。

6-3 文化の醸造

(1) 流行語、ブームでは終わらせない

　働き方改革に取り組み、ムダ、ムラ、ムリのない業務プロセスで、適切なルール、組織のもとで運営したとしても、組織に根付いたものにならなければ、一過性の単なるブームで終わってしまいます。働き方改革の成果を文化として根付き、全ての行動が無意識に、普通に行われなければ、長続きすることはありません。

　欧州の働き方は先進的というわけではなく、その国の文化が働き方にも影響しているだけです。短期的には日本の文化に変革を起こすことは現実的ではありません。しかし、部・課という組織内での変革は可能だと思います。働き方改革を通じて、企業文化までを変革する意識で取り組んでください。

①自由の代償

　働き方改革の結果、空間的な制約、時間的な制約から解放されます。テレワークにより、毎日オフィスに出社する必要もなくなり、フレックスタイム制により、9:00 〜 18:00 という勤務時間に縛られることもなくなります。

　労働集約型のオフィスでは、自分で考えなくても仕事と給与が与えられています。オフィスには自分の机があり、12:00 になれば昼休みに入り、18:00 になれば一旦は仕事も終わり、残業をするのであれば、消灯されることなく、冷暖房完備のオフィスにいることができます。サボっていれば、怒ってくれる上司がいます。寂しそうにしていれば、話しかけてくれる同僚もいます。非常に優しい仕組みです。自由の代償として、この居心地の良い、優しさを失うことになるのです。

　そこで重要となるのが上司のマネジメント能力と言われますが、いつま

でも管理されているのでは、従業員の人間的な向上は期待できません。全ての行動を自分で責任を取るという意識が必要です。全てを能動的に行わなければ、誰も何もしてくれないということを覚悟しなければなりません。上司だけが負担が増えるのであれば、働き方改革ではありません。そして、管理されている限りは、本当の働き方改革ではありません。

　働き方改革が進展した先は、全ての従業員が管理されるのではなく、責任を持った自立した活動が普通に行われています。

②価値あるオフィス

　テレワークが推進されると、在宅、サテライトオフィスなど場所を問わず働くことが増えますが、オフィスの価値、そして従業員がリアルの場に集まる価値を再考する必要があります。オフィスは机が並ぶ、単なる作業場所ではありません。

　個人では新しいアイデアも出にくいです。ビデオ会議でも議論には限界があります。やはり、オフィスは必要です。テレワークが進展した場合でも、様々な工夫により、従業員がオフィスに集まる仕組みが必要です。オフィスは強制的に行かなければならない場ではなく、従業員が自ら積極的に行く場と進化する必要があります。

　働き方改革が進展した先は、従業員が出社したくなる魅力的なオフィスがあります。

（参考）通勤する価値のある魅力的なオフィス
　　　　　Airbnb（サンフランシスコ）

　Airbnb は 190 ヶ国以上に展開する世界最大の民泊予約サイトです。オフィスも「暮らすように旅しよう」を社是とする Airbnb らしさを感じます。鉄道倉庫駅を改修した社屋のロビーは 4F まで吹き抜けで、そこだけでも圧巻です（写真 9）。広々とした遊び心のある執務スペー

スの他に、会議室や食堂などは世界に実在する部屋や家をモデルに設計され、社内を回るだけでも旅行気分になれます。社内のいたるところで、従業員同士が会話、議論を行っています。オフィスには、従業員同士が組織を超えて横断的にコミュニケーションを取ることができ、常に世界各地の文化をイメージしながら、新しいアイデアを創出できる環境があります。机上で考えるよりもはるかに、実在する部屋に宿泊しているイメージで考えることができ、利用者が期待するサービスも浮かんでくると思います。このようなオフィスであれば、多少通勤がきつくても、オフィスに出勤する価値があります。そして、従業員が集まることで、新しい価値が生まれ、企業も成長することは間違いないです。

写真 9：Airbnb の社屋（サンフランシスコ）

安留 義孝：撮影

③多様な価値観との共存

　既に、職場には様々な価値観を持った従業員が勤務しています。インドネシアのムスリムであれば、1日5回のお祈りの時間があります。タイ人男性の多くは人生に1度は出家します。フィンランド出身者はコーヒー休憩がなければ働けないかもしれません。また、育児をする従業員もいます。介護は社会問題にもなっており、将来的にはほとんどの従業員が避けては通れない問題です。シニア社員にとっては体力的にきつい作業もあります。その他、転職者、派遣社員は異なった社風で育っていれば、それぞれの価値観があります。同じ職場で、同じ業務、作業を一緒に行っていても、それぞれの従業員の優先事項は異なります。仕事以外の人生の目的があり、やらなければならないことがあることを理解しなければなりません。

　そのためには、コミュニケーションが不可欠であり、チームメンバーのことを知る必要があります。働き方改革にはチームプレイは必須ですが、まずはチームメンバーを知ることが第一歩です。特に、テレワークも進展し、オフィスのフリーアドレス化も進む状況では、自らがチームメンバーを知ろうとする努力が必要です。

　働き方改革が進展した先は、チームメンバーのことを理解し、チームプレイを基本とした活動を行っています。

（参考）犬を媒介にコミュニケーションを促進：Amazon（シアトル）

　アマゾン社のシアトル本社には、毎日1,000匹程度の犬が出勤しています。本社内には、リードの不要な散歩エリア、犬専用のバルコニーも完備されています。犬をきっかけとして、他部署の面識のない従業員とのコミュニケーションが取れ、ストレスの解消にもなっています。たしかに、見知らぬ者同士であっても、愛犬家という共通点があれば、会話が弾みます（写真10）。ペットに限らず、仕事以外の場、きっかけを提供することで、コミュニケーションは活性化するはずです。

写真 10：Amazon の社屋（シアトル）

安留 義孝：撮影

④残業は悪ではない。アラームである

　働き方改革というと、まずは残業時間の削減が思い浮かびます。しかし、残業は本当に悪いことなのでしょうか。欧州では残業している人は仕事のできない人と判断されてしまいます。一方で、日本は時代により、残業の評価は異なります。昭和の時代は残業が当たり前であり、残業をしないと変わり者のように扱われていました。しかし、働き方改革が叫ばれはじめ、残業は悪いイメージとなっています。

　かなり昔の話ですが、職種上勤務時間の制約がないにも関わらず、毎日15:00 に出勤し、24:00 の終電後にタクシーで帰宅するという面白いワークスタイルのチームがいました。休憩を 1 時間取り、8 時間勤務です。8 時間働いているので、自由といえば自由ですが、彼らには目的がありました。毎晩最後まで残って、頑張っているという印象を上司に見せること、そしてタクシーで楽に帰りたかっただけです。自由をはき違えていたようです。残業はアラームと位置付けてください。環境の変化により、業務プ

ロセスが機能していない状態になっていることを知らせてくれます。また、不正を含め、おかしな働き方にも警告を鳴らしてくれます。

　働き方改革が進展した先は、改善の意識が高まり、継続的に残業が続くことはありません。

⑤感謝の気持ち

　「ありがとう」という言葉を聞く回数が減っています。コミュニケーション不足なのか、「ありがとう」も死語なのかと不安に感じます。職場以外でも、電車で席を譲っても当たり前のように座り、荷物を届けても何も言わず受け取るなど、日々悲しくなります。

　まずは「ありがとう」が普通に言える環境を作ってください。小学生に話すようなことですが、働き方改革には基本的な動作の再認識も必要です。

　同様に、迷惑をかければ「すみません」、お願いするのであれば「お願いします」などの言葉が普通に出る職場でなければ、チームプレイが成立することはありません。

　働き方改革が進展した先は、「ありがとう」という感謝の気持ちで溢れています。

⑥デジタル化は当たり前

　日常生活において、働き方だけがデジタル時代に取り残されています。日常生活で利用している IT を積極的に働き方にも導入する必要があります。日常生活では、ほとんどの方がスマホを利用しています。ビデオ電話も珍しいことではありません。Facebook などの SNS も日常的に更新しているかもしれません。日々、日常生活のデジタル化は進み、利便性は増しています。働き方も遅れることなく、デジタル化を進展させる必要があります。

　働き方改革が進展した先は、日常生活と同じレベルに働き方もデジタル化されています。

第7章

働き方改革の先に何があるのか

7-1　キャッシュレス化の進展

　途上国も含め海外と比べると、日本はあきらかに、デジタル時代に取り残され、決済と職場（働き方）がその傾向が顕著です。新型コロナは価値観の大転換期でもあり、働き方改革とキャッシュレス化という日本のデジタル時代に取り残された 2 つの領域が世界に追い付く最後のチャンスかもしれません。新型コロナはキャッシュレス化の進展のきっかけとなるはずです。誰が触ったかわからない現金に触れるのを避けるため、キャッシュレス化が進展します。無人店舗は実用化され、そこでの決済はキャッシュレス決済が前提です。そして、政府、自治体はデリバリーを推奨しています。デリバリーでは事前にスマホアプリで注文と同時に登録済みのクレジットカードで決済が完了するため、現金に触れることはないです。政府、自治体、そして消費者自身も、「守り」からではありますが、キャッシュレス決済へと舵を切っています。

7-2　DX（デジタルトランスフォーメーション）の進展

　バズワードになりつつある DX（Digital Transformation：デジタルトランスフォーメーション）ですが、デジタル技術を浸透させることで人々の生活をより良いものへと変革すること、既存の価値観や枠組みを根底から覆すような革新的なイノベーションをもたらすことです。2018 年に経済産業省が「DX レポート〜 IT システム「2025 年の壁」の克服と DX の本格的な展開」の中で、DX の進展の必要性を訴えています。

　欧州ではチャレンジャーバンクを中心に、DX が進展しています。情報の入口をデータ化すること、またエコシステムの構築にも積極的に取り組

むことで、業務の効率化は進み、利用者の利便性は向上し、新しいデジタルサービスも登場しています。

　DX は銀行以外でも、様々な業界で変革を起こしています。代表的な企業として、Amazon（アメリカ：物販）、Uber・Lift（アメリカ・移動）、Airbnb（アメリカ・宿泊）、Netflix（アメリカ：映像）、Spotify（スウェーデン：音楽）などがあげられます。インドネシアの項で紹介した Gojek も DX の先進企業です。

　残念ながら、経済産業省が懸念するように、日本は DX が進展していません。しかし、それは当たり前のことです。自社内、つまり働き方のデジタル化が進展していない状況では、DX の必要性に気づくこともなく、革新的なイノベーションも起きることはありえません。

　デジタル時代の働き方を進展させることで、従業員のマインドセット、企業文化は変化します。その状態に達した時にはじめて、DX に取り組むことができるのです。DX の進展は働き方改革次第です。

7-3　美しく生きる

　最後に、本書では働き方改革をテーマとして展開してきました。しかし、働き方改革だけでは、その効果も限界を迎えます。働き方改革にとどまらず、生き方を見直す時期なのかもしれません。

　女優の柴咲コウさんが、2020 年 3 月 31 日、YouTube（柴咲コウ公式 'Les Trois Graces' Channel（レトロワチャンネル））デビューしています。テーマは「美しく生きる」であり、earth conscious（アースコンシャス：地球を大切に生きようという意識、行動）、lifestyle（ライフスタイル）、entertainment（エンターテーメント）の 3 本柱で構成されています。

　初回放送の最後に彼女が語った言葉ですが、私なりにこの言葉が「美し

く生きる」ことと解釈しています。「心がワクワクすること、ときめくこと、共感できること、共鳴したいこと、新しい発見」です。残念ながら、私はこのような感情を久しく覚えていません。働き方も含め、日常生活の中で常にこのような感情を覚えるように生きたいものです。

　是非、みなさまも、働き方改革をきっかけとして、「美しく生きる」ことができる生き方の改革も行ってください。

第2部

テレワークで成果を上げる
「ツールの活用」

制作：株式会社 リオ

第 1 章

オンライン会議ツールの活用

　テレワークにおいて、ビデオ会議ツールは必要不可欠です。ビデオ会議は、従来、海外や離れた取引先との打ち合わせなどで使用されていましたが、在宅勤務の需要が高まるにつれ、日常的に利用されるようになりました。また、働き方改革を実現する施策のひとつとして注目を浴びています。そして、音声や映像の通信だけでなく、PC の画面共有、テキストチャット、ファイルの送受信などの機能を備えているものが多くなっています。スマートフォンで利用できる製品もあります。ここでは、代表的な製品として「Zoom」と「Microsoft　Teams」を紹介します。

1-1 Zoom

　Zoom は、様々な端末で利用できます。PC・スマートフォン・タブレットなど一般的なデバイスであれば、ほとんどインストールが可能です。Windows、MacOS、Android、iOS などあらゆる OS にも対応しています。会社の規定があり、端末へのインストールができないという場合であっても、クラウドサービスの Zoom（Zoom Web クライアント）を使えば、インストールなしで利用することができます。そして、会議に招待された参加者には、参加方法が簡単で使いやすいと定評があります。ひとつの会議に最大で 1000 名が参加できます。画面共有機能を用いて、ホワイトボードや資料・画像などを投影して共有することができます。

■導入手順
　ここでは、初めて Zoom を利用する方のために説明をします。まず、Zoom の公式サイト（https://zoom.us/）の右上のボタン「サインアップは無料です」をクリックして、メールアドレスを入力してください（図 1）。

図1

　入力したメールアドレスに、Zoom から確認メールが届きます。「アクティブなアカウント」のボタンをクリックしてください（図2）。

図2

　Zoom へようこそ、という画面が開きますので、名前とパスワードを入力してください（図3）。

図3

テストミーティングを開始の画面になります（図4）。テストが必要な方は実施していただき、不要の方は「マイアカウント」へのボタンをクリックしてください。

図4

■会議の設定および招待、参加方法

　マイアカウントの画面において、左側の「ミーティング」をクリックし
てください（図5）。

図5

　「新しいミーティングをスケジュールする」をクリックして（図6）、ミー
ティングの設定画面に進み、トピックや説明、開催日時、所要時間、場所
を入力します（図7）。

図6

図7

　設定内容を確認してから、「招待状をコピー」をクリックすると（図8）、ポップアップが表示されます（図9）。その内容をコピーして、参加者にメールを送付します。これで、会議設定の事前準備は完了です。

図8

図9

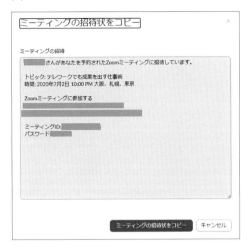

　会議に招待された場合は、URL をクリックすると、Zoom クライアント（アプリ）のダウンロードが始まり（図10)、その後自動的に、会議の画面が立ち上がります。会議の開始までは、マイクやカメラをオフにしたまま待機できますので、安心して早めに入室してください（図11)。

図10

図 11

既に Zoom クライアントアプリをインストールしている場合、ミーティ
ング ID・パスワードを入力することによって会議に参加できます。その
手順は、まず、Zoom クライアントを起動し、「ミーティングに参加」を
クリックします（図 12）。ミーティング ID と自身の名前を入力し（図
13）、その後の画面でパスワードを入力すれば参加できます。

図 12

図 13

　次に、Zoom クライアントアプリを使用した会議の設定方法も説明します。アプリのインストーラーは、公式サイトで配布されています。ホーム画面下部の「ダウンロード」から、「ミーティングクライアント」をクリックしてインストールしてください。(図 14)。

図 14

　インストール後、デスクトップに生成されたアイコンを起動し、登録した情報を入力すれば、Zoom のトップ画面が表示されます（図15）。「新規ミーティング」をクリックすればすぐに会議が始められます。

図15

　会議画面から参加者を招待することができます。その場合、画面下部分の「参加者」をクリックしてから「招待」というアイコンをクリックします（図16）。URL のコピー、招待のコピー、ミーティングのパスワード、いずれかの方法を選んでも招待をすることが可能です。また、「スケジュール」では、「繰り返し」設定を使うことで毎日や毎週などの定期的な会議を一度に設定することも可能です。

図16

　また、メールタブを選択している場合は、デフォルトメール、Gmail、
Yahoo! メール、いずれかを選んでクリックするとメーラーが立ち上がり
ます（図 17）。

　既に文章が入っていますのでそのまま送信してもよいでしょう。

　そして、「参加」をクリックするとミーティング ID・パスワードを入力
して会議に参加することができます。「画面の共有」は、参加すると同時
に画面の共有をします。「スケジュール」からは、前述したように会議の
設定をすることができます。

■その他の機能
①バーチャル背景
　バーチャル背景とは、テレビ・ビデオ会議に写る人物の背景を他の画像
に変えることができる機能です。この機能はユニークなおまけの機能だと
思われがちですが、自宅からの会議参加の際に自宅が背景に映ってしまう
という悩みなどを解消できるので便利です。綺麗なオフィス風の背景画像
から、個性を演出できる特徴的な背景画像まで多数あり、場面に応じて使
い分けることもできます。

②ビデオブレイクアウトルーム

　社内外の研修において、小規模グループの作成ができる機能です。ホストが参加者を小規模なグループに分けて、グループ内だけでのチャットや話し合いを可能にすることができます。

③オンラインセミナープラン

　オプションプランとして、「Zoom Webinar（ズーム　ウェビナー）」プランが用意されています。このプランでは Zoom でオンラインセミナーを開催する際に、最適な機能を準備しています。「パネリストの設定」「10,000人の大規模セミナー対応」「リアルタイムでストリーム配信」「パネリスト・プレゼンテーションの同時表示」など、本格的なオンラインセミナーを実施できる機能が満載です。

1-2 Microsoft Teams

　Microsoft Teams は、Microsoft 社が提供するビジネスチャットツールです。この製品は、Office365 のひとつの機能となっていることが特徴です。この点では、他社のツールが単体で提供されている点とは対照的です。ただし、Microsoft Teams を単体で使いたい場合は、機能が限定された無償版を利用できます。Microsoft Teams にも、Zoom と同様「会議」「ファイルの共有」「チャット」の機能があります。加えて Microsoft Teams では、ファイル共有だけではなく、会議参加者との共同文書作成も可能です。Teams という名前のとおり、利用者は「チーム」に所属し、これまで所属部署やプロジェクト内にて"E メール"や"電話"で行われてきた情報共有やコミュニケーションを、より効率的かつスムーズに行うことができます。本書では、ビデオ会議に焦点を絞り、チーム外（社外）との実施方法について説明します。

■導入手順

公式ページ

https://www.microsoft.com/ja-jp/microsoft-365/microsoft-teams/
group-chat-software

から「無料でサインアップ」をクリックします（図1）。

図1

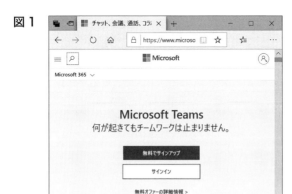

　メールアドレスを入力し、アカウントを作成します（図2）。

図2

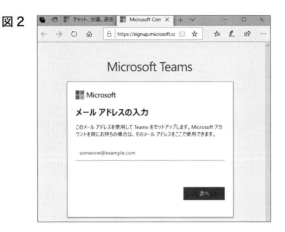

　入力したアドレス宛に認証コードが送信されるので、そのコードを入力
して次に進みます。氏名や会社名などを入力して完了です。すでに Office
ライセンスを取得している方は、既存のメールアドレスを入力するだけで
サインアップできます。その後、デスクトップアプリ版と web アプリ版
のどちらを利用するか決めます。継続して使用する場合は、設定を保存で
きるデスクトップアプリの方が便利です。

■会議の設定および招待、参加方法
　それでは、ビデオ会議の設定の説明を進めていきます。まず、左側のタ
ブの「予定表」をクリックして予定表を開き、「新しい会議」をクリック
します（図3）。

図3

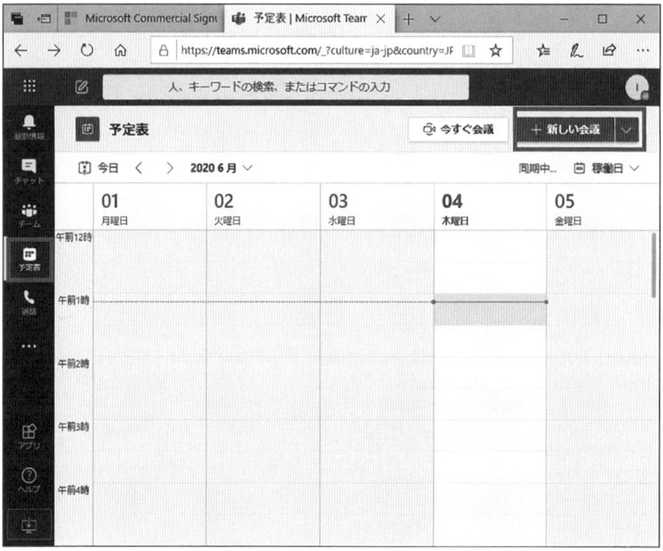

　会議のタイトルや出席者、日時や場所を入力します（図4）。同チームのメンバーは名前を入力すれば検索、登録ができますが、外部の参加者を招待するときは、ここに相手のメールアドレスを入力します。

図4

　右上の「送信」をクリックすると、会議の招待メールが送付され、各自の予定表に設定した会議が表示されるようになります（図5）。

図5

　招待者には、（図6）のようなメールが届きます。出席する場合は「は
い」をクリックします。そして、会議の時間になったらメールの文中にあ
る「Microsoft Teams 会議に参加」をクリックします。

図6

　Web ブラウザが起動し、アプリをインストールするか、「代わりに Web
上で参加」をクリックします（図7）（アプリのインストールは必須では
ありません）。「名前を入力」欄に参加者名を入力し、「今すぐ参加」をクリッ
クして、ビデオ会議に参加します。

図7

■その他の機能

　Microsoft Teams の本来の使い方である「チーム」コミュニケーションに関する機能と設定を補足説明しておきます。

①チーム

　左側タブの中で「チーム」を選択し「チームを作成」をクリックします（図8）。

図8

　画面の案内に沿って、チームの属性や種類を選択し、チーム名を入力します。チームのトップ画面では、ユーザーを追加、さらにチャネルを作成、FAQ を開く、を選択できます（図9）。

図9

②チャネル

　チャネルは、チームをさらに細分化したグループのことを指します。チームのトップ画面で「さらにチャネルを作成」をクリックすると、そのチームの中にグループを作成することができます（図10）。チャネル名、説明等を入力します。プライバシー設定も可能です。

図10

③メンション・チャット・通話

　下部の枠内に @ を入力して送信先を選択し、続けてメッセージを入れて送信すると、送信先のメンバーにメンションされます（図11）。また、右側のタブには、チャット、通話のボタンがあり、いつでも利用できます。

図11

④タブ機能

　各タブを使用すると、メンバーがチャネル内で各種サービスにアクセスすることができます（図12）。提供されているツールやデータを使って直接作業でき、チャネルの状況に応じてそれらのツールやデータについて会話することができます。

図12

⑤アプリ連携

　Microsoft Teamsの最大の特徴は、様々なアプリとの連携が可能である点です（図13）。アプリをメンバーと共同使用することもできるため、作業効率が向上し、コミュニケーションも円滑になります。

図13

1-3 ビデオ会議のマナー

　ビデオ会議は、顧客に訪問せずに会議が実施できるため大変便利です。その反面、対面で実施する会議とは異なり、留意しなければいけない課題が表面化してきました。ここでは、ビデオ会議におけるマナーについて、説明します。

①入室のマナー（遅刻厳禁）

　ビデオ会議ツールには様々なものがあります。本書でご紹介した Zoom や Microsoft Teams だけでなく、Google Meet や Skype、Cisco Webex など、数十種類が存在し、会社によって使用しているツールが異なります。外部とのビデオ会議を行う際は、主催者側が使用するツールを特定し、事前設定をした上で参加者に招待メールを送付することが一般的です。

　参加者は、自社で使用していないツールを指定された場合、事前にその指示に従って参加するための設定をしなければいけません。今までは、顧客に訪問する際には、事前に移動時間を調査して早めに到着することが当たり前でした。しかし、ビデオ会議になると、移動する必要がないため、直前まで他の作業を行っているケースが散見されます。すると、ビデオ会議に参加するための設定がうまくいかない場合、入室が遅れることになります。

　ビデオ会議は、自席ではなく会議室で行われることが多いため、主催者側や先に入室した参加者は、遅刻者を待っている時間をとても長く感じることになります。たとえ待ち時間が2,3分だったとしても、印象を悪化させる原因になります。参加する際には、必ず事前に設定を確認し、余裕をもって入室するようにしましょう。

②画面共有のマナー

　ビデオ会議では、画面共有機能を用いて、参加者に様々な資料を共有することができます。画面共有する際に、留意しなければいけないことが二つあります。一つ目は、共有する資料以外のアプリケーションは必ず閉じておくことです。例えば、複数の資料を共有することがあった場合、先に説明している資料を閉じた際に、不要なものが見えてしまうことが頻繁に起こります。特に、メールには機密情報や競合顧客とのやり取りが記載されているため、不要な情報を部外者に見られてしまうことになります。録画していることが多いため、映写された情報は確実に解析されてしまいます。不要なアプリケーションは、必ず閉じてから、ビデオ会議に参加するようにしましょう。

　二つ目は、会議中には PC で他の作業をしないことです。複数の参加者が順番に画面共有をしていく会議がよくあると思いますが、その際に特に注意してください。自身の説明の途中や終了した後に参加者で何か議論している時、自分の画面が共有されていることを忘れてしまいがちです。その際に、うっかり他の作業をしてしまい、それがビデオ会議上で見られてしまうという事象が発生しています。作業内容や情報の漏洩だけでなく、参加者自身の会議に対する姿勢を疑われることになります。

③退室のマナー

　会議が終えた後、参加者はビデオ会議上から退室します。ボタンをクリックするだけで退室することができます。その際に、クリックするタイミングを留意しましょう。参加者がまだ発言している時はもちろんのこと、主催者からの閉会の言葉が終わった後すぐに退室ボタンを押すと突然接続が切れて印象がよくありません。必ず挨拶をして、タイミングに気を付けて退室するようにしましょう。

第 2 章

オンライン会議の議事録作成

　ビデオ会議の内容をエビデンスとして保存したり、不参加者に共有するには、どのような方法があるでしょうか。ビデオ会議ツール上で録画するという方法があります。しかし、それを再生して確認するには時間を要します。倍速で見たとしても会議の半分の時間はかかります。

　それでは、その録画や録音内容を議事録に書き起こすという方法はどうでしょうか。共有される人にとっては、パッと目を通して振り返り概要を把握できるので良いかもしれませんが、議事録を作成する人は非常に大変です。

　そのような課題を解決するには、ビデオ会議で録画・録音した内容を自動で文字にできるツール「Voice Rep(ボイスレップ)　スマート議事録 for テレワーク」をお勧めします。

2-1 Voice Rep スマート議事録 for テレワーク

　この製品は、ビデオ会議やセミナーなどの音声を録音し、その音声を文字化する「文字起こし」ツールです。また、PC に接続されたマイクに向かって話せば、その場でどんどん声を文字に変換してくれます。

　音声認識したテキストを編集することもできます。編集作業をサポートする「文書校正機能」が多数搭載されています。「句読点を自動的に挿入する機能」、「数値表記を変換する機能」、「改行を除去する機能」、「文書読み上げ機能」、これらの機能が議事録の作成をサポートし、時間を大幅に短縮することができます。文書編集を行うためのエディタは、Microsoft Word 文書の編集も可能です。

■文字化の機能
①マイク音声入力
　メイン画面で「マイク音声入力」タブパネルを選択、（マイクのアイコ

ンが描かれた）「開始」ボタンをクリックし、文字認識させたい原稿をマイクに向かって読み上げるだけで、音声が認識されると同時に文字化・日本語変換され、あわせてメイン画面のエディタに自動的に転送されます（図1）。認識精度は高いですが、誤認識または誤変換されている場合でも、エディタ上で簡単に修正することが可能です。

図1

②再生して文字化

　録音した音声ファイルから音声認識をして文字化することができます。ビデオ会議やセミナーなどの音声ファイルをPC上に保存し、「再生して文字化」ボタンから音声ファイルを再生するだけでどんどん音声を文字化していきます（図2）。

図2

③おまかせ自動文字化

　以下の手順で操作すると、音声を自動的に文字にすることができます。また音声ファイルの再生が終わると、音声認識も自動で終了します（図3）。

図3

【手順】
1) 会議やセミナーなどの音を録音した音声ファイルを用意する
2) 「Voice Rep スマート議事録 for テレワーク」を起動し、録音ファイルを選択
3) 音声認識を開始

※「おまかせ自動文字化機能」は、「再生して文字化」と比較すると、音声再生速度に音声認識処理が追いつかなくなることを回避するために、処理中に認識確定待ちの待機時間と、再生再開前のわずかな巻き戻しが挿入される点が異なります。具体的には、「再生」→「一時停止」→「認識確定待ち」→「(わずかな) 巻き戻し」→「再生」→の繰り返しで音声認識から文字化・日本語変換までが行われます。音声ファイルは WMA/MP3/WAV 形式のものに対応しています。

■その他の機能

①タイムライン付与

　音声認識する際にタイムラインが付与されます（図4）。マイクから直接音声を入力される場合は「マイクで音声を入力した時間」、録音ファイルを読み込んで音声を入力して文字化する場合であれば、「認識を行っている録音ファイルのカウンター位置」がタイムラインとして表示されます。この機能は録音した音声ファイルから「文字起こし」をする際に大活躍します。「再生して文字化」を使用する際、再生プレーヤーとタイムラインが連動しますので、あとから文字を校正する時に飛躍的に効率が良くなります。タイムラインは除去することもできます。

図4

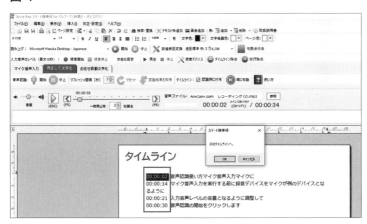

②10言語対応

　以下10言語に対応しています。

　日本語、英語、フランス語、ドイツ語、イタリア語、スペイン語、中国語、韓国語、ロシア語、ポルトガル語。

③読み上げ機能

　編集が完了した文章を読み上げる機能が搭載されています（図 5）。目で確認するよりも音声で確認した方がより間違いに気づきやすいのでとても便利です。

図 5

④文書校正機能

　編集作業をサポートする機能が多数搭載されています。

1）句読点を自動的に挿入する機能

　従来の音声入力ソフトは「音声入力したテキストに句読点が付与されない」という点がネックであり、読みやすい文章にするためには手動で句読点を付与しなければなりませんでした。この製品は文章を作成した後に画面上部の「句読点付与」ボタンをクリックすると、適切な箇所に句読点を自動で挿入します。なお、音声入力中に句読点を入れたい時は、「わたしは　てん　りんごが　すきです　まる」と話せば、「私は、りんごが好きです。」と入力できます。

2）数値表記を変換する機能

　数値部分を速記標準、全角標準、半角標準のいずれかの書式に統一して変換する「数値表記変換」が用意されています。

3) スペースを除去する機能

　音声認識されていても言葉や、息継ぎのタイミングにより、スペースもしくは改行されることがあります。その場合は、テキストエディタ内で右クリックすると表示されるコンテキストメニューに「スペースを削除」があるので、文章を整えるのに便利な機能です。

＜製品情報＞
・VoiceRep スマート議事録 for テレワーク
・製品ページ URL
　https://www.riocompany.jp/soft_title/VoiceRep/tele
・製品購入 / お問い合わせ窓口
　株式会社リオ　info@riocompany.jp

第 3 章

チームのコミュニケーション向上

　ビデオ会議が急速に普及していますが、その中で、より高度なコミュニケーションが求められています。例えば、社内外の様々な関係者が参加するプロジェクト会議で考えてみましょう。全員参加型のプロアクティブな会議にし、複雑な事象を全員に理解させた上で、参加者の合意を得なければいけません。そして、議論された結果を、より効率的にアウトプットして、それを継続的に管理していくにはどうしたらよいのでしょうか。そのような課題は、「MindManager」が解決の一助になります。

3-1　MindManager

　MindManager は、トニー・ブザンが提唱した思考整理法「マインドマップ」をベースとして開発されたデジタルツールです。マインドマップは、中心にトピック（主題）を置き、それに基づいた全ての関連情報を周囲に放射状に付与していきます。複雑な情報を判りやすい形に記述していくことで、全体を俯瞰したり、つながった情報の相互関係を認識できます。

■情報の視覚化

　MindManager は、古典的なマインドマップのレイアウトのほかに、ビジネスにおいてよく使われるマップや図のテンプレートが豊富に用意されています。そのため、MindManager は、現在「ビジネスマップツール」「ビジュアルコミュニケーションツール」とも称され、様々なシーンで広く使用されています。直感的なデザインで視覚的により自由で柔軟な思考を促します。そして、頭の中にあるアイデアや情報を瞬時に図形化し、素早く整理することができます。視覚的に整理されるために記憶により強くとどめておけるようになります。また、テンプレートは「考える」上でのガイドラインとなります。課題に応じて適切なテンプレートを使用することに

より、効率的に正しく思考を深めて整理していくことができます。そして、考えるスピードが加速します。MindManager を使えば、「考える」行為を変革することができます。

■データ連携

　MindManager は、様々なデータ形式と連携しているため、用途に合った形式（Excel や Word、画像、HTML 等）で関係者と共有できます。例えば、Excel に出力して分析用のデータとして使用したり、Word 形式に変換して社内外の報告書としても活用できます。

■共同編集

　MindManager は、複数メンバーで共同編集することができます。共同編集方法は二つあります。まず一つ目は、クラウド上におかれたデータを各人が編集する方法です。進捗状況のアップデートなど、複数人が適宜入力することが可能です。

　二つ目は、ビデオ会議などで、複数のメンバーがファイルを共有し、同じデータを同時に編集することです。リアルタイムに入力、修正、更新、合意が進められるため、モデレーターがタイプするような状況を廃し、プロジェクトのオンライン会議において効果を発揮します。

■使用方法

①インストール

　次の URL にアクセスをして MindManager を入手してインストールしてください。本書読者限定の 90 日体験版が利用できます。

⇒ https://www.corel-cle.com/mindmanager/form.html

②新規作成

　MindManager を起動すると、テンプレートが表示されます（図 1）。メ

ニューバーの「ファイル」から「新規作成」をクリックすることで、いつでも表示することができます。上部には、新しい「白紙テンプレート」があります。

図1

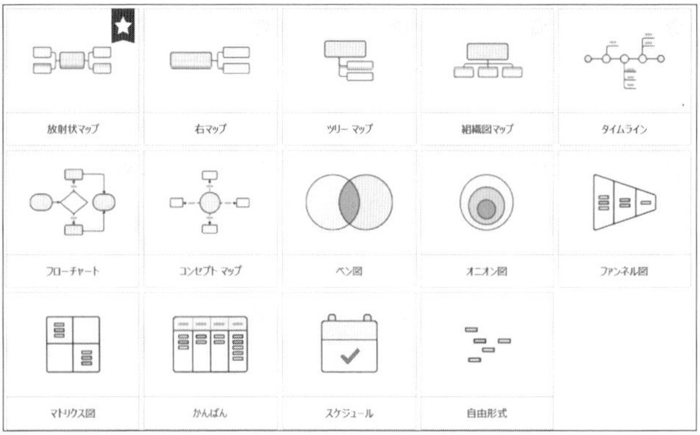

※それ以外に様々な現場で良く使用されるプロフェッショナルテンプレート10カテゴリー（SmartRules、タイムライン、フローチャート、プロジェクトマネジメント、会議とイベント、個人の生産性、問題の解決、図表、戦略計画、管理）に、それぞれ複数種類のマップが用意されています。業務分解構造をガントチャートとして表示することもできます。

③トピック作成

　テンプレートをダブルクリックすると、必要なテンプレートに従った新しいマップが開きます。新しいマップの中心トピックは、青い枠でアクティブな状態として選択された状態になっており、入力モードになっています。ここで、キーボードから直接マップのトピックを入力します。この例では、「イベント企画」と入力します。新しいトピックを追加するには、青い枠で選択されたトピックのプラス記号をクリックするか、「新しいトピック」

をクリックします（図2）。

図2

　マップ内には、どのトピックにも割り当てられないフローティングト
ピックも作成できます。メニューの「ホーム」の下にある「フローティン
グ」をクリックし、マップ内の任意の位置をクリックするとマップ内に配
置されます。右クリックをして各メニューを選択しても同様の操作が可能
です（図3）。

図3

④トピックの構造化

　トピック、フローティングトピックともに、ドラッグ・アンド・ドロップで構造化していくことができます。配置は、素早く反映されフローティングトピックは、サブトピックに変わります（図4）。

図4

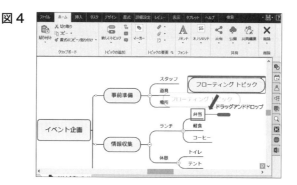

⑤マップの書式設定

　マップをわかりやすくするためには視覚的にもわかりやすくすることが重要です。色、トピックフォーム、画像などの書式設定することで収集された情報のマップを視覚化することができます（図5）。情報をわかりやすくすることは、他の人と共有するのに役立ちます。

図5

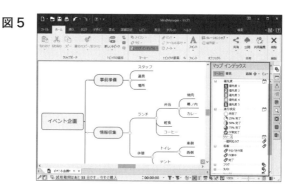

⑥トピックへの画像挿入

　トピックに画像を加えることでそのトピックが持つ概念を一目であらわすことができます。トピックを右クリックしてコンテキストメニューを開き、次に「画像」を選択します。これで、ファイルから、またはMindManager ライブラリから画像を選択することができるようになります（図6）。

図6

　「ライブラリから」を選択すると、右側に「ライブラリ」が開きます。上部には、画像が分類されたフォルダが表示されます。また、MindManager のイメージライブラリでイメージを検索し、その画像をトピックに追加することもできます（図7）。

図7

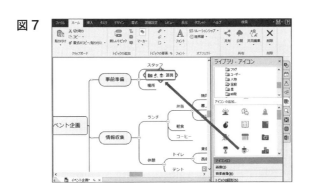

⑦色、境界線、スタイル

　トピックは構造化されましたが、次に、トピックを区別するために色や形をつけたり、関係性を明らかにするために境界線やリレーションシップラインを施していきましょう。

　メニューの「書式」には、塗りつぶしの色、線の色、線の形状、レイアウトなどのフォーマットがあります。ここでトピックの形状を変更することもできます。トピックを右クリックして表示されるコンテキストメニュー「トピックの書式設定」から詳細な書式の設定を行うこともできます（図8）。

図8

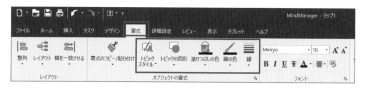

　また、トピックとサブトピックのリレーションを強調するためには、「境界線」を使います。メニューの「挿入」から、さまざまな種類の境界線や矢印などを使用できます（図9）。

図9

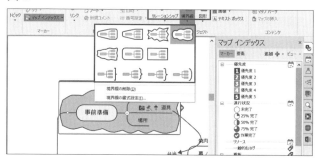

⑧マーカー機能

マーカーとは、マップの特定のトピックにアイコン、テキスト注釈などを適用することです。それらのトピックを分類したり、見やすくしたりすることができます。前項で作成したマップにマーカーを付けていきます。マーキングを操作するには、作業ウィンドウタブを表示します。この作業を行うには、右にある「インデックス」タブをクリックするか、または、下にあるボタン「作業ウィンドウ」ボタンをクリックし、「インデックス」を選択します。「インデックス」タブにあるマーカーには、アイコン、タグ、および、塗りつぶしの色とフォントの色があります（図10）。

図10

アイコンは、「優先度」、「進行状況」など、特定の意味を持ち、すべてのマーキングと同様に、グループに分類されています。アイコンとタグの他に多くのマーカーがあります。「優先度」、「進行状況」、「リソース」はタスク属性としても頻繁に使用されるため、上部に位置します。

トピックにアイコンを配置するには、インデックスからアイコンをドラッグ・アンド・ドロップするか、関連トピックを選択してから、インデックス内の必要なアイコンをクリックします（図11）。

図11

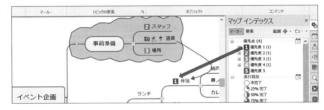

　複数のトピックを選択した場合も同様です。トピック内のアイコンをクリックすると、同じグループ内の次のアイコンに変化します。マウスの右クリックでコンテキストメニューを開き「アイコン」から選択することもできます。そして、付与したマーカーは、アイコンごとに表示を切り替えて確認することができます。これは、単に見やすくするためのものでなく、各項目を継続的に管理していくために、意味を持つ重要なタグとして活用できます（図12）。

図12

3-2　ビジネスへの活用

①コンセプト

　MindManager は、情報の収集と構造化を非常に簡単に行うことができます。デジタルホワイトボードのように、マップ全体の情報を簡単に収集できます。そして、作成中または、その後の作業中に、新しい発見が起こり、予期せぬ化学反応を生み出します。共同編集することによって、その効果は加速します。

　今回は、一例として、ビデオ会議において、MindManager の共同編集機能を用いて、メンバー全員で、企画段階からプロジェクト管理やナレッジマネジメントまで実施してみましょう。プロジェクトチームの作業効率を向上させ、プロジェクトを円滑かつスピーディーに進めることを目指します。

②メリット
・全員参加型のビデオ会議を実現
・ビデオ会議内での意識の整合、合意形成
・各工程（フェイズ）ごとに分断されていた資料をシームレスに作成可能
・適切なデータ形式に出力し、会議後の報告資料作成工数を軽減
・メンバーの知識や考察を関連付け、会議やアウトプットの質の向上
※別途ビデオ会議ツールが必要です。

③解説
【環境設定】プロジェクトにおけるデータの共同編集設定
　現在、Google ドライブ、OneDrive、Dropbox、Box、および SharePoint 等のクラウドストレージプラットフォームがサポートされています（図 13）。

図13

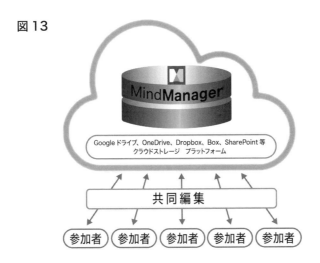

　モデレーターが MindManager 内のクラウドにファイルを保存し、リボンの [共同編集] をクリックするだけで共同編集セッションを開始できます。ユーザーには、マップを共同編集するためのリンクが提供されます。また、マップの所有者は、編集できるユーザーと表示できるユーザーを選択して、アクセス許可を制御することもできます。

【ステップ 1】ブレインストーミング

　中心にテーマとなるキーワードを置き、メンバーで様々な意見を出し合いましょう。各メンバーが順番に連想される事柄を放射線状に追記していきます（図 14）。都度、追加された項目に対して、「賛成」「幸せ」等の評価のアイコンをドラッグ・アンド・ドロップで簡単に付与できます。それによって、全員参加型のビデオ会議になるだけでなく参加者のモチベーションも向上します。そして、ビデオ会議上で、様々な意見をメンバーで議論した上で整理し、プロジェクトの方向性を定め、ゴールを設定することができます。

図 14

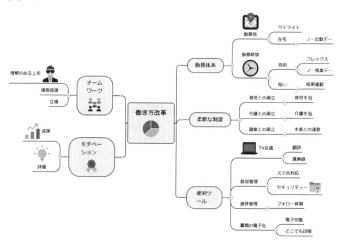

【ステップ2】プロジェクト計画策定

　プロジェクトダッシュボードのテンプレートを使用して、必要情報を入力しましょう(図15)。そこには、趣意書やスケジュール、組織図、予算など、必要項目が網羅されています。マーカー機能を用いて、グラフィカルな資料を共有することで、メンバーのタスク遂行の意識も高まります。ビデオ会議において、このような作業を共同で実施すると、ユーザーがリアルタイムでアクションアイテムとタスクを定義、割り当てることができます。そして合意に至ることができるため、プロジェクトが円滑かつ効率的に進められます。
※共同編集の設定方法はP157～P158の【環境設定】をご参照ください。

図15

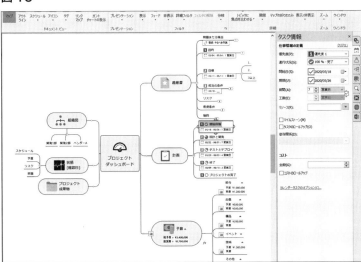

　また、プロジェクト計画に関しては、ガントチャート形式としても表示・編集できます（図16）。直感的でシンプルなガント表示を使用すると、プロジェクトの計画を非常に効率的に構造化できます。

　優先度、進行状況、開始日 / 期日、期間、工数、リソースなどのタスク属性を各トピックに割り当てることができます。開始日と期限をすばやく計画するために、対話型ガントチャートでタスクを簡単に定義することもできます。変更は、リアルタイムでマップ内のタスクに反映されます。

　予算を編成することも可能です。マップのトピックに任意の数値と式を割り当てることができます。数値と式を作成するには「詳細設定」から「プロパティ」で追加します。

図 16

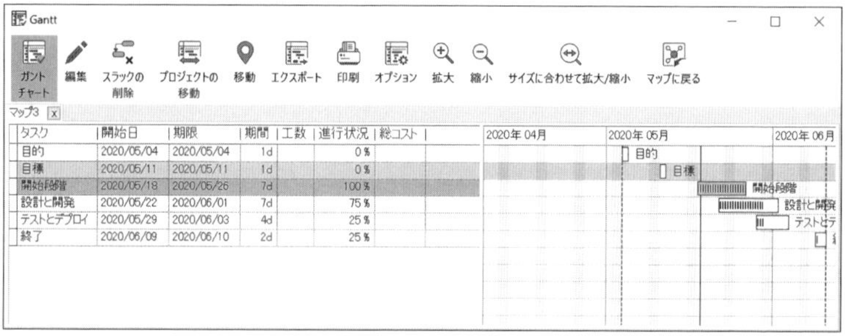

　さらに、次のような幅広い他システムと連携しています。MS Outlook（連絡先、電子メール、タスク）、MS Excel 、MS SharePoint、MS Project、MS Word、MS PowerPoint（エクスポート）、CSV（エクスポートのみ）、HTML 5（エクスポート）、各種 Web アプリケーション。他システムと連携することで、プロジェクト外の関係者にも情報を共有することが可能です。

【ステップ 3】ナレッジ管理

　終了したプロジェクトの情報は、ナレッジを共有するデータとして管理することをお勧めします。他のプロジェクトにおいての貴重な参考情報となるばかりでなく、トレーニング、教育目的でも共有できます。

MindManager データに他のドキュメントのリンク情報を付与すればデータベースになり、情報のサイロ化の回避にも役立ちます。

　外部の情報をトピックに関連付ける簡単な方法は、文書や Web コンテンツとのリンクです。このようにして完成した情報は、マップ内の新しいコンテキストになります。リンクに基づいて、ナレッジマップをすばやく作成できます。これらの情報は新しく関連付けられ、全体を俯瞰して理解することができます。システムとアプリケーション間の恒久的な変更、長い検索時間、そして物事を見逃す危険性を大幅に減らすことができます。

　社員教育や、プロジェクトの引き継ぎの際には、マップのさまざまな部分から、簡単にスライド作成することができます。スライドはインタラクティブトピック構造を展開したり折りたたんだり、ズームインおよびズームアウトしたりできます。プレゼンテーションの最中にも内容を変更することができ、これらの変更は元のマップで直接更新されます。

<製品情報>
・MindManager 製品ページ URL
　https://www.mindjet.com/jp/
・MindManager ブログ URL
　https://www.mindjet.com/jp/blog/
・製品購入 / お問い合わせ窓口
　support@corel-direct.jp
・読者限定 90 日体験版ダウンロード URL
　https://www.corel-cle.com/mindmanager/form.html
　※ダウンロードの際に、ご連絡先の入力が必要となります

第4章

チームの業務管理

　上司はメンバーの業務状況を管理する義務があります。オフィスワークの場合は、メンバーの業務状況を間近で確認しているため、問題があれば、適切なアドバイスを伝えたり、スピーディーに対処することが可能でした。テレワークになると、それが難しく、問題発覚が遅延して大きなトラブルに発展しかねません。また、若手メンバーに対して直接教育も施せないため、育成という観点でも大きな課題があります。そのような課題を解決するには「朝メール.com」が有効です。

4-1 朝メール.com

　朝メール.com は、チームで助け合い、仕事を効率化し、長時間労働や残業の原因を分析し改善、そんな新しい働き方の改善を実現するためのWebサービスです（図1）。朝の出社時に1日の業務予定を立てて入力します。終業時に予定通りに活動できたかどうかを自身だけでなく、上司やチームメンバーと一緒に振り返ります。時間の使い方や業務の進捗を「見える化」することで、視覚的に課題とタスクを整理することで効率的な業務遂行と行動規則の遵守をサポートします。PC、スマートフォン、タブレットに対応しているため、場所を問わずサービスを利用できます。

図1

■チーム内のコミュニケーション活性化

　朝メール .com は、メイン画面の「チームビュー」と、メンバー全員のコミュニケーションが一覧できる「会話ビュー」があります。それぞれの画面で、メンバーの入力情報を確認することができます。登録された内容を見ながら「この仕事よりもこちらを今日優先して着手してほしい」などチーム内で話し合いながら優先順位を決めていくことができます。また、コメント欄に入力する「今日のひとこと」を活用することで、仕事の進め方やその日の思いなどが具体的に見えてきます。これらを活用することにより、メンバー間の理解が深まり、**コミュニケーションの活性化**につながります。

①チームビュー

　画面左側はチームの行動、画面右側は会話（コメント欄）で構成されています。メンバー間でコミュニケーションを取りながらスケジュールを調整でき、業務の効率化が実現できます（図2）。

図2

②会話ビュー

　全てのコミュニケーションが一覧できます。指定日の内容（ひとこと、ふりかえり、会話）が閲覧可能です。未読と既読が色分けされているため、見落としにくい画面設計になっています（図 3）。

図 3

■時間の使い方をわかりやすく「見える化」

　予定と実態の差異をわかりやすいビジュアルで「見える化」できます（図 4）。

図 4

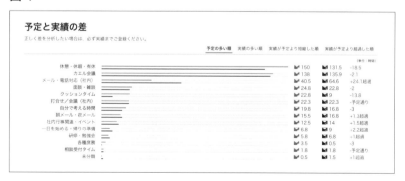

　集計期間を週・月単位などに設定できるので、業務期間や内容による傾向も確認しやすくなり、1日ごとの振り返りでは気づきにくかった課題も容易に発見できます（図5）。問題を分析するきっかけを得ることで、個人はもとよりチーム・部・会社全体の業務効率改善へつながります。そして、チームの働き方の真の課題を発見し、コミュニケーションを増加させていく効果が見込めます。

図5

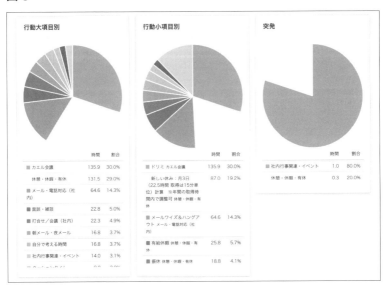

行動大項目別	時間	割合
カエル会議	135.9	30.0%
休憩・休暇・有休	131.5	29.0%
メール・電話対応（社内）	64.6	14.3%
面談・雑談	22.8	5.0%
打合せ／会議（社内）	22.3	4.9%
朝メール・夜メール	16.8	3.7%
自分で考える時間	16.8	3.7%
社内行事関連・イベント	14.0	3.1%

行動小項目別	時間	割合
ドリミ カエル会議	135.9	30.0%
新しい休み：月3日（22.5時間 取得は15分単位）計算 ※年間の取得時間内で調整可 休憩・休暇・有休	87.0	19.2%
メールワイズ＆ハングアウト メール・電話対応（社内）	64.6	14.3%
有給休暇 休憩・休暇・有休	25.8	5.7%
振休 休憩・休暇・有休	18.8	4.1%

突発	時間	割合
社内行事関連・イベント	1.0	80.0%
休憩・休暇・有休	0.3	20.0%

4-2　ビジネスへの活用

①コンセプト
　チーム全体の業務を可視化し、コミュニケーションを活性化することに

より、問題や課題を早期発見、解決できる仕組みを作ります。そして、各メンバー全員で、働き方を改革し、成長し続ける組織を形成しましょう。

②メリット
・業務状況の相互確認
・メンバーが上司や他のメンバーに相談できる環境構築
・メンバーの成長（課題やタスク整理をして、自分で問題解決できる能力
　開発）

③解説
【ステップ1】チーム全体の業務の可視化
　まず、メンバー全員が、朝メール.comに1日の予定を入力します。チームビューの自分のアイコンの下にある「予定を登録」ボタンをクリックします。または、自分のアイコンの下にある「予定を登録」をクリックします（図6）。

図6

　予定の登録画面が表示され、予定登録画面で「予定を追加」ボタンをクリックすると（図7）、小ウィンドウが表示されます。そこに、予定の内容を登録します（図8）。

図7

図8

　特に、フリー欄に入力した内容は、チームビューの各タスク欄の1行目に表示されますので、チームメンバー間で予定の詳細を共有することが可能です。また、チームビューの自分のアイコンのメンバーの予定登録状況は、管理者に毎日朝夕の設定した時間にメールが送付されます。

　最後に「今日のひとこと」を入力します。チームビューの今日のひとこと欄をクリックすると、画面右側にチャット欄が表示されコメントが入力できます（図9）。チームメンバーは、これを相互に閲覧し、コメント入力や写真投稿ができます。そのやりとりは一覧画面でも確認でき、チーム内のコミュニケーションの活性化にもつながります。これで予定の登録作業は終了です。

図9

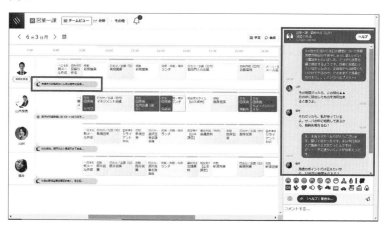

　1日の終わりには、実績と振り返りコメントを登録します。チームビューの自分のアイコンの下にある「実績を登録」をクリックします（図10）。

図 10

　実績の登録時には朝、予定していなかった割込み業務を「突発」として登録することができます。突発業務は、予定を阻害する要因ですので、フラグを立てておきます（図 11）。

図 11

　管理者は、入力情報を基に、特定期間の分析をすることができます。チームビューの画面上部の「分析」メニューをクリックすると、チームの分析画面が表示されます。予定と実績の差異（図12）や、行動項目の集計や、突発業務の集計（図13）ができます。

そして、チームの活動方針に照らし合わせることによって、各メンバーにアドバイスをしましょう。分析単位は、個人、チーム、会社全体で設定可能です。ビデオ会議にて、メンバー全員で振り返ることによって行動変革を促すことも有効です。

【ステップ2】上司との相談受付タイムの設定

　テレワークにおいては、上司とのコミュニケーションが希薄になり、メンバーが問題を一人で抱え込みやすくなります。提出資料においては、意思疎通の不備により、再調整の工数増加や遅延を引き起こすことが危惧されます。

　そこで、上司の「相談受付タイム」の設定をお勧めします。朝メール.comのスケジュール上に項目をたて、その時間は他の予定は入れずに、相談受付に専念します。コメントで相談を受け付け、具体的な内容はビデオ会議で相談に応じます。必要があれば、他のメンバーも交えて解決策を提案するのも良いでしょう。これによって、メンバーとのコミュニケーションを保ち、問題の早期発見と解決が実現します（図14）。

図14

【ステップ3】若手メンバーの成長をサポート

　テレワークにおける業務調整は、各メンバーが自立して実施しなければいけません。特に、若手メンバーは作業に要する時間設定があまく、なかなか予定通りにいきません。資料作成においては、着手が遅れて提出が間に合わないケースが頻繁に発生します。やるべき項目を洗い出し、優先順位をつけて、時間換算することが身についていないからでしょう。これは、残業の要因にもつながります。

　このようなメンバーに対して、上司は直接的なアドバイスだけでなく、このツールを活用して教育してみてはいかがでしょうか。まずは、上司や先輩メンバーの朝メール.com の入力内容をよく閲覧することを勧めてください。他者の課題整理やタスク管理方法を参考にすることで、業務調整のコツを掴むことができます（図15）。そして、自分のスタイルを築きあげることができるでしょう。

図 15

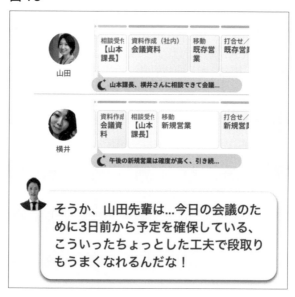

174

＜製品情報＞

・朝メール .com 製品ページ URL

https://asacom.net/

※ 30 日無料トライアルもここから申込可能です。

・製品お問い合わせ窓口

株式会社ワーク・ライフバランス

asacom@work-life-b.com

第 5 章

個人の生産性向上

　リモートで業務を遂行していく上で、チームが成果を上げるためには、個人の生産性向上も欠かせません。各メンバーが自立し、自身の業務を管理し、業務ひとつひとつを個人レベルで効率化していくためには、環境やツールを準備する必要があります。お勧めが「PersonalRPA」です。

5-1 PersonalRPA

　RPA とは、ソフトウェアロボットによる業務の自動化ツールのことです。主に、経理・営業事務、情報収集・整理業務などのルーチン業務を削減することができます。しかし、現在製品化しているほとんどの RPA が高額です。年間の利用料が 100 万円を超えるものも少なくありません。また、導入するにあたって SE が必要となり多くの工数を要します。そして、担当者が操作を習得するためにも労力を要します。テレワークの環境において、メンバーの PC に設定するのはさらに困難です。

　導入が容易であり、かつ誰でも簡単に設定・操作できるのが「PersonalRPA」です。Excel とブラウザの繰り返し作業において、PC 上の操作を記録し、編集を施すことによって、その一連の作業を自動で繰り返して再生することができる RPA ツールです。

　この製品は、各 PC にインストールするだけで、すぐに利用できます。起動すると、主に、記録・再生・編集のボタンで構成されたシンプルな操作パネルが現れます（図 1）。

図 1

　まず、記録ボタンを押してから、PC上で自動化したい業務を実施すると業務が記録されます。その後、再生ボタンを押すと、記録した業務をそのまま再現できます。そして、編集を施すことにより、その業務がPC上で、繰り返し自動で実行されます。これらの機能を使用することにより、アイデア次第で、様々なルーチン業務を自動化することができます。

　編集メニューは、以下の3つの機能があります。

1）繰り返し取込

　複数のExcelから、ひとつのExcelに情報を集約する機能

　例えば、複数のユーザーから発注書を受領した際に、ひとつのデータに取りまとめることができます。その後、データをDBに投入したり、業務レポートとして使用する際に便利な機能です。

2）繰り返し出力

　ひとつのExcelから、複数のExcelを生成する機能

　例えば、ECサイトの注文データから、ユーザーごと、注文ごと、決められた単位で請求書や納品書を作成することができます。

3）繰り返し処理

　ブラウザ上の情報を繰り返し取得する機能

　例えば、複数のサイト（同様項目がある前提）のある情報を取得する業務があった場合、あらかじめExcelに取得するWEBページのURLをまとめておき、ひとつのURLでその作業を記録し、この編集メニューを適用します。すると、全てのURLから指定した情報を取得することができます。

5-2 ビジネスへの活用

①コンセプト

　組織から提供された自動化の仕組みを待たず、自分自身でルーチン業務を見つけ出し、自動化しましょう。例えば、チームの何らかの状況を取り纏めて報告する業務があると仮定します。テレワークにおいては、各メンバーに聞いて回り、Excel に入力、集計して提出することはできません。おそらく、メールで収集するか、システムに入力された情報を CSV や Excel 形式で出力し、集計して体裁を整え提出する方が多いのではないでしょうか。毎日、毎週、もしくは毎月、その作業を繰り返している場合、「PersonalRPA」を使用して自動化することができます。

②メリット
・システムから出力されたデータの保存形式を自動変換
・複数データを集約する作業の自動化
　（ひとつのデータから、同フォーマットの複数データに分ける作業も可）
・提出するフォーマットへの自動変換

③解説
【ステップ1】業務の特定
　まず、自身の業務の中で、自動化できると思われる「繰り返しの単純作業」を洗い出します。このツールを使用する場合、以下のポイントに留意して自動化する業務を選定してください。
・Excel、ブラウザを使用した業務である
・複数の Excel 間で、情報のコピー＆ペーストをしている
・特定の Web ページと Excel 間で、情報をコピー＆ペーストしている
・特定の Web ページから、情報を繰り返しダウンロードしている

　今回は、一例として「週次営業活動報告書の取り纏め」を自動化の対象業務として解説を進めていきます。各チームメンバーから提出される営業活動報告書を基にして、所属本部の既定フォーマットに取り纏めるという作業になります。

【ステップ 2】データの準備

　まず、自身で作成した雛形 Excel【営業週報＜個人＞】をメンバーに配布して、活動内容を日々入力してもらいます。注意点として、各項目の入力箇所が同じ列であることが自動化の前提となるため、決められた箇所に入力させる必要があります。

　次に、各メンバーから Excel【営業週報＜個人＞】を収集し、PC 上のフォルダに格納します。また、管理システムを使用している場合、そのシステムから出力された CSV も使用可能です。データ形式を CSV から Excel に変換する作業も含めて自動化できますが、今回は説明を割愛します。報告用の Excel【営業週報＜部門＞】も同フォルダ内に格納しておきます。

【ステップ 3】PersonalRPA の設定・活用

1）記録：PC 操作(コピー＆ペースト作業)を PersonalRPA で記録します。(1 名分)

　事前準備として、操作パネル右側にある「設定」ボタンを押して設定パネルを開き、「連続コピー＆ペースト機能」を ON にします（図 2）。

図2

記録ボタンを押します（図3）。

図3

　メンバーから受領したExcel【営業週報＜個人＞】の上部バーにマウスオーバーして、ピッと音がなって枠が表示されたらクリックします（図4）。

図4

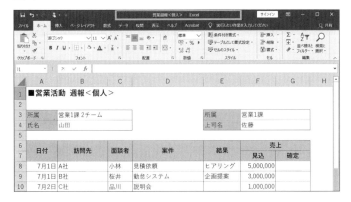

音が鳴ると同時に、上部にツールが認識した内容が表示されますので、正しい場所を捉えたかを確認することができます（図5）。

図5

氏名と活動内容の1行目の必要なセルだけ順番にコピーします。該当セル上にマウスオーバーし、ピッとなって枠が表示されたらクリック、の作業を各セルに対して行います（図6）。2行目以降は、後ほどRPAツールが自動で処理しますので、この作業を繰り返す必要はありません。

図6

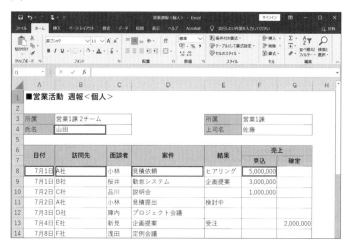

次に、提出するExcel【営業週報＜部門＞】にデータを貼り付ける作業を記録します。先ほどと同様に、Excel【営業週報＜部門＞】の上部バーにマウスオーバーして操作するExcelを認識します（図7）。

図7

　それから、先ほどコピーした内容を該当箇所のセルに順番にペーストします（図8）。

図8

停止ボタンを押します（図9）。これで記録は完了です。

図9

2）編集：繰り返し取り込み設定します。（複数メンバーのデータに対して、
自動で同様作業を適用するための設定作業です）

編集ボタンを押します（図10）。

図10

編集画面の右側にある「編集メニュー」から「繰り返し取込」について、
チェックボックスをクリックして選択します（図11）。

図11

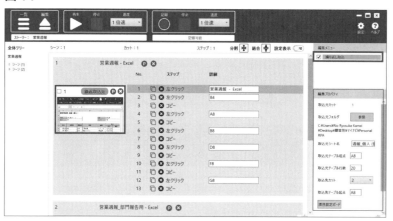

編集プロパティにおいて、各項目を設定します。コピー元・先の情報を特定し、各メンバーのデータを保存しているフォルダの選択などを設定します（図 12）。

図 12

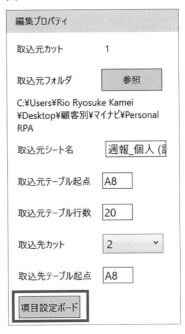

最後に「項目ボード」を開き、コピーしたセルと貼り付けたセルの関係が間違っていないかを確認します（図 13）。(詳細は、トライアル版マニュアル参照)

図 13

　もし、記録した内容を修正したい場合は、編集パネル内で修正することが可能です（図 14）。

図 14

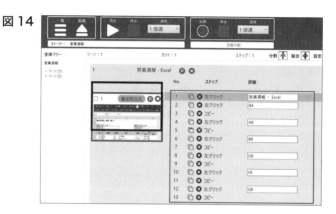

3）再生：自動で、繰り返し再生されます。

　再生ボタンを押します（図 15）。

図 15

　先程の編集で指定したフォルダ内にあるメンバー全員の Excel【営業週報＜個人＞】から、全ての活動内容が Excel【営業週報＜部門＞】に集約されます（図 16）。

図 16

　「週次の営業活動におけるアプローチ状況の報告書」のストーリーが完成しました。次月度から、各メンバーのデータを特定したフォルダに保存し、PersonalRPA で再生をするだけで、自動的に、提出フォーマットに情報が集約されるようになります。このツールを使用すれば、簡単に個人レベルで作業を自動化することができます。そうすれば、テレワークの環境下においても、成果が出せるようになります。

＜製品情報＞
・PersonalRPA 製品ページ URL
　https://rpa.riocompany.jp/PersonalRPA/rio/
・製品購入 / お問い合わせ窓口：
　株式会社リオ rpa@riocompany.jp
・読者限定 90 日体験版ダウンロード URL
　https://rpa.riocompany.jp/PersonalRPA/telework/form.html
　※ダウンロードの際に、ご連絡先の入力が必要になります。

おわりに

　この一冊を書くことは、約30年の社会人生活を振り返る機会でもあり
ました。恥ずかしながら、本書に書けない内容ばかりです。昭和の時代の
なごりもあり、理不尽なことも受け入れ、不思議な方々との出会いもあり
ました。記憶の奥にしまっていた嫌な出来事の数々も、思い出しました。
当然、楽しかったこと、達成感、充実感があり、応援してくれる上司、同
僚に出会えたから、約30年間のサラリーマン生活を送ることができてい
ます。特に、自分の方向性を見失っていた時期の2010年にタイで様々な
ことを教えてくれたプロジェクトメンバーのみなさま、そして2017年に
私を拾って頂いた上司のおかげで今の自分があるということを再認識する
機会にもなっています。感謝の言葉しかありません。

　また、その間にITも進化しています。入社直後は手書きが中心でした
がPC、ポケベル、携帯電話、スマホと徐々にITが身近で、便利な存在へ
と進化しています。しかし、働き方は、あまりITの恩恵を十分受けてい
ないようにも感じます。人生100年時代、私は折り返し地点を過ぎまし
たが、残り半分の人生はデジタル時代の働き方をしたいものです。

　本書の執筆にあたり、特に海外の表面的ではない草の根の最新事情に関
して、新井弘之氏（株式会社クニエ）、Raghu Nath Bhandari氏（Swift
Technology CEO）の協力をいただいております。そして、約30年の社
会人生活を支えてくれた方々に感謝の意を伝えさせていただきます。あり
がとうございます。

2020年5月10日

安留　義孝

■著者紹介（第1部）
安留 義孝（やすとめ よしたか）
富士通株式会社 リテールビジネス本部 シニアマネージャー
1968年、横須賀市生まれ。
1992年、明治大学商学部卒。メガバンク系シンクタンクを経て、2001年、富士通株式会社入社。
2015年より現職。現在、欧米アジアの金融、小売の調査研究、およびコンサルティング業務に従事。
「月刊消費者信用」（きんざい）、「月刊金融ジャーナル」（金融ジャーナル社）にて世界の金融、小売
事情を連載中。セミナーインフォ、NCB Lab、ペイメントナビ、金融財政事情研究会、日本クレジッ
ト協会などの公開セミナーでの講演多数。代表著書は「キャッシュレス進化論〜世界が教えてくれ
たキャッシュレス社会への道しるべ〜」（金融財政事情研究会）。
海外渡航国は現在43ヶ国・地域。

■監修者紹介
小室 淑恵（こむろ よしえ）
2006年、株式会社ワーク・ライフバランスを設立。多数の企業・自治体などに働き方改革コンサ
ルティングを提供し、残業削減と業績向上の両立、従業員出生率の向上など多くの成果を出してい
る。年200回以上の講演依頼を全国から受け、役員や管理職が働き方改革の必要性を深く理解できる研
修にも定評がある。
著書は『労働時間革命』(毎日新聞出版)、『6時に帰るチーム術』(日本能率協会マネジメントセンター)、
『女性活躍　最強の戦略』(日経BP社)、『働き方改革　生産性とモチベーションが上がる事例20社』
(毎日新聞出版)など多数。日経ウーマン・オブ・ザ・イヤー2004受賞。2014年5月ベストマザー
賞（経済部門）受賞。

【STAFF】
■企画
株式会社リオ

■協力
株式会社ウチダスペクトラム

■制作（第2部）
亀井 亮介（株式会社リオ）

■制作協力（第2部）
福井 秀和（コーレル株式会社）

■装丁・本文デザイン・レイアウト
玉野 規行（株式会社リオ）

■参考文献
『キャッシュレス進化論〜世界が教えてくれたキャッシュレス社会への道しるべ〜』
安留 義孝（金融財政事情研究会）

テレワークでも成果を上げる仕事術

2020 年 7 月 21 日　初版第 1 刷発行

著者　　　安留 義孝
監修者　　小室 淑恵
発行者　　滝口 直樹
発行所　　株式会社マイナビ出版
　　　　　〒 101-0003　東京都千代田区一ツ橋 2-6-3 一ツ橋ビル 2F
　　　　　tel：0480-38-6872（注文専用ダイヤル）
　　　　　　　　03-3556-2731（販売）
　　　　　　　　03-3556-2736（編集）
　　　　　E-Mail：pc-books@mynavi.jp
　　　　　URL：https://book.mynavi.jp

印刷・製本 株式会社ルナテック

©2020 安留 義孝　株式会社リオ　Printed in Japan.
ISBN 978-4-8399-7245-5